本书受国家自然科学基金项目(51579156)资助

波浪与透水防波堤相互作用研究

王登婷 等 编著

海洋出版社

2018年·北京

图书在版编目(CIP)数据

波浪与透水防波堤相互作用研究／王登婷等编著. —北京：海洋出版社，2018. 3

ISBN 978-7-5210-0047-4

Ⅰ. ①波… Ⅱ. ①王… Ⅲ. ①波浪-相互作用-防波堤-水力学-研究 Ⅳ. ①TV139. 2②U656. 2

中国版本图书馆CIP数据核字(2018)第044573号

责任编辑： 高朝君　侯雪景

责任印制： 赵麟苏

海洋出版社 出版发行

http://www.oceanpress.com.cn

北京市海淀区大慧寺路8号　邮编：100081

北京文昌阁彩色印刷有限公司印刷　新华书店北京发行所经销

2018年4月第1版　2018年4月北京第1次印刷

开本：787 mm×1092 mm　1/16　印张：10

字数：195千字　定价：58.00元

发行部：62132549　邮购部：68038093　总编室：62114335

前　言

抛石防波堤在港口工程中的应用十分广泛，波浪对防波堤的作用是首要考虑的问题，主要有两个方面：一是直接作用在防波堤上的波浪力；二是波浪透过护面块体和垫层进入堤心引起的波浪渗流力。前者已得到学术界的广泛研究，并为工程界提供了许多实用的计算方法；而波浪在多孔介质内的渗流力学是近十多年来发展起来的一门新兴学科，少有论著专门阐述波浪与透水防波堤的相互作用。

本书旨在较为系统地介绍国内外学者在波浪与透水防波堤相互作用方面的研究工作，特别是作者近期取得的新成果及其实际应用，希望有助于读者在了解已有成果的基础上进行新的研究和探索。

本书第一章介绍了波浪与透水防波堤相互作用的研究背景及意义、波浪与多孔介质相互作用及其后坡防护的研究进展；第二章介绍了后续章节用到的基本理论；第三章介绍了波浪与透水防波堤相互作用的半理论半解析解及理论分析结果；第四章基于N－S方程建立了波浪数值水槽，模拟了波浪与透水防波堤相互作用的过程，并采用波浪水槽物理模型试验结果对其进行验证；第五章采用物理模型试验方法系统研究了波浪作用下透水防波堤透射系数及堤心压强的变化规律，并得到了相关计算公式；第六章针对特定工程，对透水防波堤的渗透水量进行了物理模型试验研究；第七章对透水防波堤的后坡防护问题进行了系列物模试验研究，并得到了混凝土板护面、干砌块石护面、抛石护面等稳定厚度的计算公式。

本书第一章由王登婷、孙天霆、刘清君编写，第二章由王登婷、陈衍顺编写，第三章由陈衍顺、刘清君、王登婷编写，第四章由王登婷、陈衍顺、孙天霆编写，第五章由孙天霆、王登婷、刘清君编写，第六章由王登婷、陈衍顺编写，第七章由陈伟秋、刘清君、陈衍顺编写。

本书编写过程中得到了国家自然科学基金面上项目《基于N－S方程的波浪－透水防波堤－海床相互作用的数值模拟及其物理模型试验研究》（项目批准号：51579156）及南京水利科学研究院出版基金的资助，谨此深表感谢。

王登婷

2018年3月

目　录

第1章　绪　论

1.1　研究背景及意义

抛石防波堤在港口工程中的应用十分广泛，波浪对防波堤的作用是首要考虑的问题，主要有两个方面：一是直接作用在防波堤上的波浪力；二是波浪透过护面块体和垫层进入堤心引起的波浪渗流力。前者已得到学术界的广泛研究，并为工程界提供了许多实用的计算方法；而波浪在多孔介质内的渗流力学是近十多年来发展起来的一门新兴学科，少有论著专门阐述，在工程界的应用也多采用经验计算方法。

抛石防波堤通常由大颗粒块石组成，当波浪作用于这类渗透型结构的基础或建筑物时，一部分能量进入多孔介质的斜坡堤身中而形成其内水体流动。研究表明，斜坡式防波堤堤心及护面块体的稳定性，不但取决于波浪对护面块体的直接作用，还取决于波浪在抛石体内的水体运动。这种波动形成的渗流力对水利水电工程的整体安全威胁很大，切不可小视。国内外大量统计资料表明：由于渗流问题直接造成土石坝失事的比例占30%～40%；Harlow(1980)对大型抛石防波堤的破坏原因进行了研究，指出抛石堤内的波浪运动状况与抛石防波堤的破坏有着直接的关系，对建筑物的稳定性有着重要的影响。同时，当堤身内孔隙较大，波浪容易通过堤身将部分能量传递到堤的另一侧，这部分能量将产生一个新的波浪，影响港内停泊船舶所需的泊稳条件。Calhoun(1971)对加利福尼亚的蒙特雷港抛石防波堤进行了研究，发现该防波堤的透浪系数可达40%。因此，港外的波浪和水流都能通过防波堤内部而影响到港池内水域的波动和流动状态。在一些电厂建设中，取排水口有时建在防波堤的两侧，外侧排水口排出的温水也可能渗透过防波堤，进入内侧的取水水域。

因此，研究波浪与多孔介质的相互作用具有重要的工程意义和实用价值。

下面将从透水防波堤渗流理论研究、数值模拟、模型试验及后坡防护等多个方面，总结和归纳波浪与透水防波堤相互作用的主要研究成果。

1.2　渗流理论研究

波浪在多孔介质内的渗流力学虽然是一门新兴学科，但在水利和土木工程界对多孔介质内的渗流的研究，已有一百多年的历史。早在1856年，法国水力工程师达西

(Henry Darcy)通过大量的试验研究，总结得出渗流水头损失与渗流流速、流量之间的基本关系式，即著名的达西渗流定律，它为渗流理论的发展奠定了基础。但是，达西渗流定律仅局限于求解多孔介质各向同性、渗流速度很小时的线性问题。对于颗粒较大的多孔介质，其内部流动明显不同于一般的达西渗流，此时达西渗流定律不再适用。因此，许多学者对非达西渗流的渗透规律进行了研究，掌握了非达西渗流的一些基本规律。

从1856年达西提出均匀多孔介质中的达西渗流定律以来，渗流理论的发展在以下四个方面有了突破性进展。

一是1886年，福希海默(Forchhermer)发现土中渗流规律符合拉普拉斯方程，并于1901年提出了非达西渗流的基本方程：

$$i = au + bu^2 \tag{1.1}$$

式中：i 为水力梯度；u 为渗流流速 ；a 和 b 为线性和紊动渗透系数。

二是1910年，布来(Bligh)根据修建在不同土壤上实际建筑物的运行经验，发表了各类土允许水力比降的经验数据，首先从渗流的角度对确定土工建筑物的尺寸给出了经验准则。

三是1925年，太沙基发现由于土壤孔隙中水压力的消散引起黏土固结。在此基础上，渗流理论得到了迅速发展。

四是1941年，比奥特(Biot)提出了著名的Biot固结理论，用来确定给定载荷条件下土体中的应力分布、水的含量以及沉降量。在该理论中，多孔介质是由孔隙水、气体和弹性骨架组成的两相或三相系统的孔隙弹性连续体。

英格伦(Engelund，1953)对福希海默公式中非线性渗透系数进行了大量的试验研究，提出了一组经验公式：

$$a = \alpha_0 \frac{(1-n)^3}{n^2} \frac{\nu}{gD_s^2} \tag{1.2}$$

$$b = \beta_0 \frac{1-n}{gn^3 D_s} \tag{1.3}$$

式中：n 为孔隙介质的孔隙率；D_s 为孔隙介质的特征粒径；ν 为流体的运动黏性系数。

无量纲系数 α_0、β_0 由下列关系给出：

均匀球形颗粒：$\alpha_0 \approx 780$，$\beta_0 \approx 1.8$；

均匀球形砂砾：$\alpha_0 \approx 1000$，$\beta_0 \approx 2.8$；

不规则棱角颗粒：$\alpha_0 \approx 1500$，$\beta_0 \approx 3.6$。

还有许多学者直接用阻力平方项代替福希海默公式，此公式在雷诺数很大的完全紊流区是严格成立的，即

$$i = bu^2 \tag{1.4}$$

L. 梅哈尤特(Le Mehaute，1957)提出了与福希海默公式相同形式的方程：

$$i = 14\frac{1}{n^5}\frac{\mu}{gD_s^2}u + 0.1\frac{1}{n^5}\frac{u^2}{gD_s} \quad (1.5)$$

波鲁巴里诺娃－柯琴娜(Kochina，1962)发现粗粒土的渗透水力梯度不仅与流速有关，而且与加速度有关，即

$$i = au + bu^2 + c\frac{\partial u}{\partial t} \quad (1.6)$$

后来，艾尔梅(Irmay)对建立在试验基础上的式(1.6)中的试验参数 a、b、c，用一种简单理想化模型具体化，用不忽略惯性项的 N－S 方程求均值，导出了如下理论计算公式：

$$i = \frac{\alpha\mu(1-n)^2}{gD_s^2(n-n_0)^3}u + \frac{\beta(1-n)}{gD_s(n-n_0)^2}u^2 + \frac{1}{g(n-n_0)}\frac{\partial u}{\partial t} \quad (1.7)$$

式中：α、β 为颗粒形状系数；n 为均匀各向同性介质的孔隙率；n_0 为无效孔隙率。

莱普斯(Leps，1973)建立了水头损失与 u^2 的关系，认为水头损失与 $u^2/(n^2gm)$ 成正比。而水力平均半径 m 又与颗粒尺寸成正比，故水力梯度可写成：

$$i = \frac{ku^2}{gD_sn^2} \quad (1.8)$$

麦科可代尔等人(Mccorquodale et al.，1978)在考虑块石粗糙度的情况下，得到紊流的水力梯度方程：

$$i = 2.2(1+\lambda_e/\lambda_0)\frac{u^2}{gD_sn^{1/2}} \quad (1.9)$$

式中：λ_e 和 λ_0 分别为水力粗糙块石和水力光滑块石的达西摩擦系数。

对于细颗粒多孔介质中水头损失的关系式，威尔金斯(Wilkins，1955)、达吉恩(Dudgeon，1966)、帕金(Parkin et al.，1966)、阿梅德(Ahmed，1969)、约翰森(Johnson，1971)、索尼(Soni et al.，1978)等人都在试验的基础上进行过推导，但是所得出的公式大多是有因次的，而且在应用上是有限制的。

大连理工大学海岸及近海工程国家重点试验室邱大洪等(Qiu et al.，1994)对大颗粒介质的非线性渗流试验进行了研究，并指出当可渗介质的粒径较大时，二次项将起绝对的控制作用，并得出了经验公式：

$$i = C_0\frac{1-n}{g(n-n_0)^3D_s}u^2 + \frac{1}{g(n-n_0)}\frac{\partial u}{\partial t} \quad (1.10)$$

式中：C_0 为无量纲渗流系数；n 为孔隙率；n_0 为由于附加质量的存在而引起的“无效”孔隙率；D_s 为等效特征粒径，$D_s = D_{15}\left(\frac{D_{15}}{D_{50}}\right)^{\alpha}\left(\frac{D_{50}}{D_{85}}\right)^{\beta}$，其中 α、β 为与颗粒形状、级配有关的系数。

1.3 波浪与多孔介质相互作用的数值模拟

用数学模型描述并求解渗流问题起源于19世纪末。1889年，俄国数学家茹克夫斯基首先推导了渗流运动的微分方程。此后，许多学者对渗流的数学模型、解析解法和数值解法进行了大量的研究工作，并取得了多项研究成果。

沃德(Ward，1964)采用量纲分析法建立了对层流紊流均适用的公式，首次对多孔结构中流体的运动进行了理论研究，为人们研究流体在多孔介质内的运动奠定了基础。

沃尔克(Volker，1969)采用福希海默公式建立了求解渗流问题的数学模型，并将有限元计算结果与试验结果进行了比较，发现二者是比较接近的。

Sollitt和Cross(1972)在忽略了黏性项和对流项并考虑附加质量影响的前提下，对可渗防波堤的反射与透射问题进行了研究。此后，波浪与多孔介质相互作用的问题日益受到人们的关注。

Sakakiyama等人(1991)考虑了由非线性波引起的抛石防波堤内、外部流体的非线性速度场和压力场，假定孔隙体内部和外部的流体运动是有旋的，提出了一种孔隙体模型，并利用数值方法进行了求解。

刘同利(1995)根据非线性阻力定律推导了抛石防波堤内流体的水力传动方程式，建立了二维不可压缩流体非恒定非线性的动量方程和连续方程，并进行大量计算，得出了堤内流体的速度场和压力场及波高分布情况。

王利生(1995)用有限差分法研究了线性规则波与可渗基床防波堤的相互作用，分析了孔隙率、波长与堤顶宽度之比、堤顶水深与波高之比等无量纲参数对孔隙水压力的影响。

及春宁(2003)、任增金(2003)、陈智杰(2005)等也对防波堤内的波浪、水流运动情况进行了研究，并对堤内外的波浪场及孔隙率、压力等进行了分析。

Norimi Mizutani等(1998)提出了一个研究波浪与有限厚度沙床上可渗潜堤的非线性动力作用的数值模拟方法，多孔介质内部的孔隙流采用修正的N-S方程求解，对多孔弹性介质应用Biot方程求解，并对边界元——有限元模型进行修正，模拟了多孔介质内部的孔隙流动和波浪域的波浪变形。

Liu等(1999)提出一个新的研究破碎和不破碎波与孔隙结构相互作用的数值模拟方法，波浪域采用雷诺平均的N-S方程，紊流域采用改进的$k-\varepsilon$方程，多孔介质内部孔隙流采用空间平均的N-S方程，自由表面应用VOF方法进行跟踪，对破碎波与沉箱防波堤的相互作用进行模拟，并与试验结果比较，吻合良好。

王登婷将N-S方程作为波浪场和孔隙域的控制方程，采用有限差分法对其进行离散，用VOF法跟踪自由表面，经过反复迭代求解得到整个流域的压力场和速度场，分析堤后渗透波高随入射波要素的变化规律，所建立的数学模型可较好地模拟波浪与可渗防波堤的相互作用(王登婷，2011；Wang，2012)。

1.4 波浪与多孔介质相互作用的模型试验研究

Madsen(1974)在假定水头损失与渗流流速为线性相关的前提下，给出了波浪在透水防波堤堤心内部的衰减公式，但由于抛石防波堤内部块石粒径及孔隙率较大，水流在孔隙内的渗流流速很大，使雷诺数已超过层流判定区间的上限，流动不再是简单的层流运动，而是无序的紊流运动，因此该假定与实际情况不符。

沼田淳(1975)通过系列物理模型试验，研究了规则波作用下，由不同人工消波块体构成的直立式防波堤和斜坡式防波堤的堤后波浪透射情况，并对比分析了其各自的消浪及透浪效果，给出了不越浪情况下透水防波堤堤后透射系数的经验计算公式：

$$K_t = \frac{1}{[1 + 1.135\,(B_{swl}/D_s)^{0.66}\,(H_i/L)^{0.5}]^2} \tag{1.11}$$

式中：B_{swl}为透水防波堤堤身在静水面处的等效宽度；D_s为块石的有效直径；H_i和L分别为入射波高和入射波长。

Stephenson(1984)研究了波浪在堤心内部的衰减情况，认为在阻力平方区(完全紊流区)，水流的水头损失与渗流速度的平方成正比，并得到了经过简化的透浪系数计算公式：

$$K_t = \frac{H_t}{H_i} = \frac{1}{\sqrt{1 + \mu B H_0^2/2D_s d^2}} \tag{1.12}$$

A 式中：H_t为堤后透射波高；μ为堤心内孔隙水流的阻力系数；B为堤身宽度；d为堤前水深。

Ahrens(1987)通过系列物理模型试验，研究了不规则波作用下，由均匀粒径块石构成的斜坡式防波堤的稳定性、波浪的透射与反射情况以及能量耗散情况等特性，试验中采用的块石重量在常用的重量范围内，具有一定的代表性，给出了不越浪情况下透水防波堤透射系数的计算公式：

$$K_t = \frac{1}{1 + [H_i A_t/(L D_{50}^2)]^{0.592}} \tag{1.13}$$

式中：A_t为防波堤堤身在静水面以下部分的横截面面积；D_{50}为块石中值直径。

习和忠和潘建楠(1988)基于波浪在堤心内部能量传递和损失的作用机理，推导得出了新形式的透射系数计算公式，且与试验资料吻合良好。

$$K_t = \frac{1}{1 + \mu m_d H_i B/(L D_s)} \tag{1.14}$$

Dalrymple 等人(1991)对斜向入射作用下的竖直多孔结构内的波浪运动情况进行了

研究，并计算了斜向波作用下的反射及透射系数。

不同尺寸的堤心石对波动水流的传播有着重要的影响，国内外很多学者对此进行过研究。Jensen 和 Klinting（1983）、Timco 等（1984）、Shih（1990）、Hughes（1993）、Hegde 和 Rao（1995）均对通过可渗较细颗粒材料的流动进行了试验研究，既包括层流流动，也包括大雷诺数的紊流流动。

俞波和胡去劣（1996）、钟瑚穗（2003）、徐昶（2004）、尹德军等（2005）、王勇（2006）、邱大洪和孙昭晨（2006）也对通过可渗较粗颗粒材料的流动进行了试验研究。

王登婷等在假设堤心内部水力坡降与压强梯度近似相等的前提下，通过堤心内的孔隙水压力来描述区分波浪作用下堤心材料的特性，并提出了一种新的堤心石模拟方法（王登婷等，2008；Wang et al，2016）。通过系列物理模型试验，采用典型斜坡堤断面结构，研究了不考虑越浪情况下不同尺寸堤心石对透水防波堤堤后波浪传播的影响，讨论了仅由堤心渗透引起的堤后透射波高与入射波要素及堤身宽度等因素的关系，给出了采用不同尺寸堤心石时堤后波高透射系数与无因次水动力参数 $H/(gT^2)$ 和堤心结构 B/D 之间的经验计算公式：

$$K_t = 0.018 \times \left(100 \times \frac{H}{gT^2}\right)^{-0.58}\left[3.9 - \lg\left(\frac{B}{D}\right)\right] \tag{1.15}$$

葛晓丹等（2014）总结比较了国内外关于防波堤透射系数的计算公式，并结合相关学者关于波浪透射的物理模型试验结果，通过比较分析，得到了斜坡堤透射系数与入射深水波陡 $H/(gT^2)$，相对水深 kd 和堤心结构 B/D 等影响因素的相关计算公式。冯卫兵等（2015）通过断面物理模型试验，发现在规则波条件下，同一级配堤心石斜坡堤的透射系数随着入射波高的增大而减小，随着入射波周期的增大而呈幂次方增大，随着堤心石中值粒径和质量范围的增大而增大，且不均匀系数对透射系数的影响不大，从而拟合出了规则波条件下斜坡堤的透射系数公式。

孙天霆（2017）通过物理模型试验，对规则波作用下，波浪与抛石防波堤的相互作用进行研究，分析讨论了不同无因次参数与堤后透射系数以及堤心压强衰减系数的关系，在前人研究成果的基础上，分别提出了改进的相应经验计算公式。陆亚平（2018）针对斜向浪与透水潜堤相互作用问题，分析比较了杨正己计算公式、Daemrich 计算公式以及邹红霞计算公式与试验结果的拟合效果，讨论了规则波正向入射时各影响因素对潜堤透射系数的影响，拟合出了相应的计算公式。在此基础上，根据斜向规则波作用于潜堤的试验结果，分析得出了斜向规则波作用下潜堤透射系数的计算公式。

当波浪作用到斜坡式防波堤上，一部分能量被反射回入射区域，一部分能量被护面块体及垫层耗散，还有一部分能量则透过护面块体及垫层进入到堤心内部，从而对堤心石产生压力。通常，该压力可分为静水压力和动水压力两部分。显然，不同粒径及级配的堤心石由于孔隙率的差异，对波浪在堤心的渗流传播具有不同的阻尼作用，从而引起堤心压强和堤后透射波浪的差异。国内外学者对透水防波堤堤心压强的变化规律及分布模式有较多相关研究成果。

Oumeraci 和 Partenscky(1990)提出了波浪作用下堤心压力衰减规律的估算模型:

$$p(x_0) = p_0\exp\left(-\delta\frac{2\pi}{L'}x_0\right) \tag{1.16}$$

式中:x_0 为沿透水防波堤堤心内部水平方向的坐标值,其中 $x_0=0$ 表示护面下垫层与堤心石的交界面处;$p(x_0)$ 为在位置 x_0 处的压力值,其中 p_0 是指在 $x_0=0$ 处的压力值;δ 为衰减系数;$L'=L/\sqrt{1.4}$,为防波堤堤心内部的等效波长,其中 L 为入射波长。

德国汉诺威(Hannover)大学方修斯(Franzius)水力研究所的 Bürger 等(1998)通过大比尺模型试验对大型抛石防波堤堤心压强的分布进行测量和总结,分析了防波堤内部最大孔隙压力的水平分布情况,认为式(1.16)中的衰减系数 δ 可取值为2.0,并确定了堤心内波动压强沿水平和垂直两个方向上的分布规律。

丹麦 Aalborg 大学的 Burcharth 等(1999)通过系列模型试验,认为堤心材料的孔隙率和渗透性对防波堤护面块体的稳定性、波高爬高以及越浪量等均有影响,并根据原型和模型测量值的对比分析,提出了用以确定孔隙中压强梯度分布的经验公式,并给出了衰减系数 δ 的近似估算公式:

$$\delta = a_\delta\frac{n^{1/2}L_p^2}{H_sB} \tag{1.17}$$

式中:n 为透水防波堤堤心石的孔隙率;B 为在水深 y 条件下,防波堤在静水位处对应的堤心宽度;a_δ 为适配系数,通常可取常数0.0141。

Troch 等(2002)通过分析大量试验数据,提出了以下经验公式:

$$\frac{p_{0,s}}{\rho_w g} \approx 0.55H_s \tag{1.18}$$

式中:$p_{0,s}$为在静水位且沿堤心横向坐标 $x_0=0$ 处的有效孔隙压力值;ρ_w 为流体的密度。

从瑞利分布出发,估算出最大孔隙压力 $p_{max}(x_0)$与有效孔隙压力 $p_s(x_0)$的关系大致为 $p_s(x_0)=0.59p_{max}(x_0)$。

陈衍顺(2018)针对实际工程中广泛应用的可渗出水堤结构,采用断面物理模型试验的方法,对规则波作用下,波浪与抛石防波堤的相互作用进行了研究,讨论了波高与周期的平方之比以及沿堤心的横向坐标值与堤心石粒径之比对透水防波堤堤心压强衰减系数的影响,提出了改进的经验计算公式。

1.5 后坡防护

1.5.1 国外研究进展

国外学者对内坡越浪流参数进行了较为深入的研究,目前已有预测波浪爬高、平均越浪量、越浪体积分布和水流前沿流速及厚度的公式和方法。Pullen 等(2007)对这些公式进行了系统的总结。Schüttrumpf 和 Oumeraci(2005)从理论和试验两个方面确定了前坡、堤顶及内坡上越浪流的流速和厚度公式，在模型试验的基础上推导出内坡设计所要求的越浪流参数；Hughes 和 Nadal(2009)通过越浪和稳定越浪流联合作用的小尺度模型试验提出了平均越浪量、越浪体积分布经验公式和内坡越浪流参数的初步估计；Trung(2014)在 Van Gent(1999)研究成果的基础上，提出了改进的越浪流流速和厚度公式，并讨论了内坡位置和摩擦系数对流速和厚度的影响。

1.5.1.1 越浪流流速及厚度

通过求解波浪爬高与堤顶高程的差值可对越浪能进行估算，进而计算平均越浪量、流速、水体厚度及越浪体积分布。综合分析现有研究成果，波浪爬高与堤顶高程的差值是推导其他参数的关键因素。越浪流分析流程主要包括三个步骤：一是根据波况及断面形状计算波浪爬高；二是根据波浪爬高估算堤顶越浪流参数；三是在得到堤顶越浪流参数基础上进一步计算内坡对应的越浪流参数。

Schüttrumpf 和 Oumeraci(2005)以及 Van Gent(1999)对越浪流参数进行了深入的研究，评估流速和厚度的关键因素是堤顶超高及摩擦系数，摩擦会导致越浪流在堤顶及内坡传播过程中的能量损失。

(1)堤顶海侧边缘

堤顶海侧边缘的越浪流参数：

$$\frac{h_{A,2\%}}{H_s} = C_{A,h}\frac{R_{u,2\%} - R_c}{H_s} \tag{1.19}$$

$$\frac{u_{A,2\%}}{\sqrt{gH_s}} = C_{A,u}\sqrt{\frac{R_{u,2\%} - R_c}{H_s}} \tag{1.20}$$

式中：$h_{A,2\%}$、$u_{A,2\%}$为边缘厚度及流速均是累积频率为2%对应的值，且公式计算值是越浪流的前沿流速和厚度。对于经验系数的确定，Schüttrumpf 和 Van Gent 采用了不同的方式且数值不同。另外，Van Gent 利用早期提出的公式确定 $R_{u,2\%}$，波浪参数为 $H_{1/3}$ 和 $T_{m-1,0}$，而 Schüttrumpf 使用的是 De Waal 和 Van der Meer(1992)提出的公式，且波浪参数是 $H_{1/3}$ 和 T_m。

(2)堤顶

当越浪流流经堤顶时，流速会因摩擦减小。堤顶水体厚度由下式计算：

$$h_{B,2\%} = h_{A,2\%}\exp(-c_3 x_B/B) \tag{1.21}$$

堤顶流速：

$$u_{B,2\%} = u_{A,2\%}\exp[-x_B f_F/(2h_{B,2\%})] \tag{1.22}$$

此公式适用于堤顶宽度大于堤前波高的情况。Hughes(2009)认为范宁摩擦系数 f_F 是达西摩擦系数的1/4，即 $f_D=4f_F$。

$$f_F = 2gn^2/h^{1/3} \tag{1.23}$$

上式是建立在达到平衡的稳定水流与不稳定越浪流的摩擦系数、曼宁系数相同的基础上，但值得注意的是这并没有得到证实。

(3)海堤内坡

此理论是建立在恒稳态越浪流的基础之上的。描述内坡越浪流参数的公式如下：

$$u_c = \frac{u_0 + k_1 h \mathrm{th}(k_1 t/z)/f}{1 + f u_0 \mathrm{th}(k_1 t/z)/(h k_1)} \tag{1.24}$$

$$k_1 = \sqrt{2fg\sin\beta/h_c} \tag{1.25}$$

$$t \approx -\frac{u_0}{g\sin\beta} + \sqrt{\frac{u_c^2}{g^2\sin^2\beta} + \frac{2s}{g\sin\beta}} \tag{1.26}$$

$$h_c = \frac{u_0 h_0}{u_c} \tag{1.27}$$

流速公式为

$$u_B = \sqrt{\frac{2h_B g\sin\beta}{f}} \tag{1.28}$$

式(1.28)中 $\sqrt{2g/f}$ 与谢才系数相等。

由式(1.24)可以看出，内坡流速与堤顶陆侧边缘的流速和厚度、内坡坡度及不同位置处的摩擦系数有关。

2014年，Trung在Van Gent(1999)公式的基础上，重点讨论了沿坡面的位置及摩擦系数对越浪流流速和厚度的影响，提出了新的越浪流流速及厚度公式，并将在实地海堤测量的越浪参数数据与公式计算结果进行对比，验证了公式的合理性。

Hughes和Nadal(2009)通过小尺度模型试验提出了在越浪和稳定越浪流联合作用下堤顶超高为负值时越浪流在内坡的流速及厚度公式，且求得的流速和厚度是平均值，而上文提及的流速及厚度均是累积频率为2%对应的值。

对平均越浪量 q_{ws}、$\sqrt{gd_m^3}$ 进行相关性分析，得到经验公式如下：

$$\frac{q_{ws}}{\sqrt{gd_m^3}} = 2.23 \tag{1.29}$$

假设内坡上的平均流速为 $v_m = q_{ws}/d_m$，那么

$$v_m = 2.23\sqrt{gd_m} \tag{1.30}$$

经过分析，式中的常数2.23是海堤内坡坡度和坡面摩擦系数共同决定的，而目前尚无根据坡面糙度确定摩擦系数的方法，因此Hughes在公式中没有引入摩擦系数，仅包含了坡度一项。因为试验断面的内坡坡度为1∶3，因此可以认为 $2.23 = 3.96\sqrt{\sin\theta}$。则式(1.29)、式(1.30)可以表示为

$$d_m = 0.4\left(\frac{1}{g\sin\theta}\right)^{1/3}(q_{ws})^{2/3} \tag{1.31}$$

$$v_m = 2.5(q_{ws} g\sin\theta)^{1/3} \tag{1.32}$$

式中：q_{ws}为越浪和稳定越浪流联合作用下的平均越浪量。

尽管在越浪流方面已取得较为丰硕的成果，但目前仍缺乏对越浪流作用下海堤破坏机理的深入研究。为研究越浪流作用下海堤的破坏过程，一些学者进行了一系列物理模型试验和数值模型研究。1961 年，Tinney 和 Hsu 进行了海堤冲刷的物理模型试验，试验结果表明冲刷率与海堤材料的颗粒大小有关，颗粒越大，冲刷率越低；Chinnarasri(2000)通过物理模型试验和数值模型研究了均质海堤在越浪作用下的侵蚀进程；AlQaser 和 Ruff(1993)认为对于黏性材料组成的海堤，其侵蚀过程包括剪切侵蚀，上游冲刷迁移和结构性破坏；另外，在草皮护坡方面，国外许多学者进行了专门研究，如 Van der Meer 发明了越浪模拟器(Van der Meer et al.，2007，2008，2010；Van der Meer，2007，2009)，可现场模拟越浪流，解决了小尺度模型难以准确模拟草皮护面糙率的难题。

1.5.1.2　越浪流流量连续性研究

Hughes 等(2013)通过对越浪流流速及厚度的分析量化了空气卷入量，证明了越浪流流量的连续性，这对于分析越浪流对内坡的作用具有重要意义。空气卷入量可用来估计切应力大小，而根据流量的连续性易于由厚度推导出流速，另外离心力对坡度转折处的稳定性有着至关重要的影响。

Hughes 针对不稳定越浪水体，利用越浪模拟器进行了大比尺越浪试验，其结果用于量化空气卷入量，证明内坡瞬时越浪流量连续性。越浪模拟器的工作原理是采用一个可自动升降的贮水箱，水箱以预定的流量持续蓄水，在特定的时间通过一个阀门放水以模拟在堤顶及内坡的越浪过程。水箱内的水一旦达到试验要求的体积，阀门便会打开，水箱内的水通过阀门流出，传播至堤顶及内坡且释放的水流在堤顶的流速及厚度需与试验要求一致。图 1.1 是越浪模拟器的工作原理简图。

试验采用人造草皮材料模拟真实草皮的糙率。在水体表面利用冲浪板测量越浪水体厚度和流速，在底部安装压力传感器测量水体压强。单个越浪水体体积和持续时间通过越浪模拟器控制系统进行控制。

冲浪板装置最早由荷兰人发明，用来测量越浪水体的厚度及流速。当越浪水体沿内坡向下传播，冲浪板被水体抬起，并会产生一个旋转角度，通过计算可转化为厚度，如图 1.2 所示。在冲浪板底部安装一个螺旋桨测速仪，并将其深入越浪水体中，可测出表面流速。

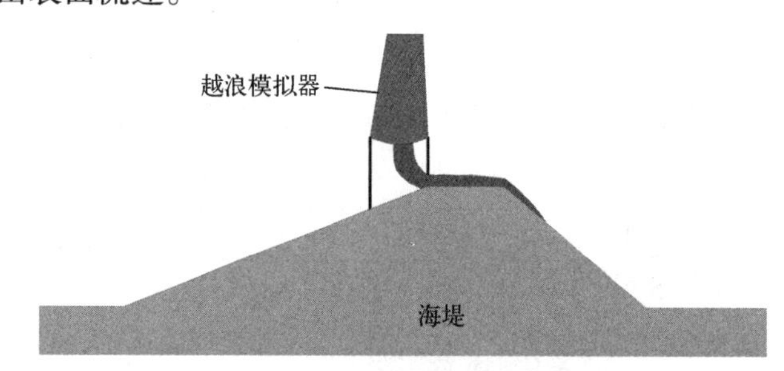

图 1.1　越浪模拟器工作原理

图 1.2　冲浪板装置

试验结果表明空气卷入量会使越浪体积显著增加，越浪水体满足流量连续性，由此当越浪体积已知时可通过厚度方便地推求出流速大小。

堤防建筑在越浪流作用下的侵蚀度是评估结构安全性和稳定性的重要方面，然而在越浪对海堤、堤坝和防波堤等结构内坡的侵蚀影响方面，研究成果较少。为了减少内坡破坏，对海堤破坏过程和破坏机理进行研究十分重要。

1.5.1.3 草皮护坡破坏机理研究

过去五十多年荷兰的设计经验要求堤顶高程是按不允许越浪或少量越浪确定的。首先确定累积频率为2%的波浪爬高，进而确定容许越浪量。而Van der Meer(2002)通过试验发现，现有越浪标准在越浪作用下的侵蚀破坏方面有相当一部分安全余量。因此，有必要通过后续研究决定容许越浪量是否需要进行调整。

Trung(2011)研究了草皮护坡在风暴潮引起的越浪流作用下的破坏机理。在对一系列模拟器试验观察和分析的基础上，对土壤及草皮对应的临界流速进行了估算，当水流流速大于临界流速时，草皮就会被破坏，并根据草皮成分组成和对应的厚度将破坏分为三类：冲刷破坏、卷起破坏和坍塌破坏。当草皮及下方足够厚的黏土层对越浪流的抵抗力相当时，很有可能发生冲刷破坏，此时草皮连同其下方的土层被瞬间冲刷，脱离坡面，如图1.3所示；若基岩稳定，侵蚀则发生在草皮层内，此时是卷起破坏，如图1.4所示；相反，在塌陷破坏中，如图1.5所示，砂质堤心无法为薄弱的草皮提供足够的支持，因此土块很容易从草皮脱落。另外，为定量预测破坏形式，提出了力量比率和厚度比率，力量比率是指土壤凝聚系数与草皮凝聚系数的比值，厚度比率是指土壤厚度与草皮厚度的比值，通过分析这两个比值，可以预测内坡破坏的形式。一般而言，力量比率越大，发生冲刷破坏和卷起破坏的可能性越大，当力量比率降为零时，很有可能发生坍塌破坏，此时，对应的厚度比率通常很大。

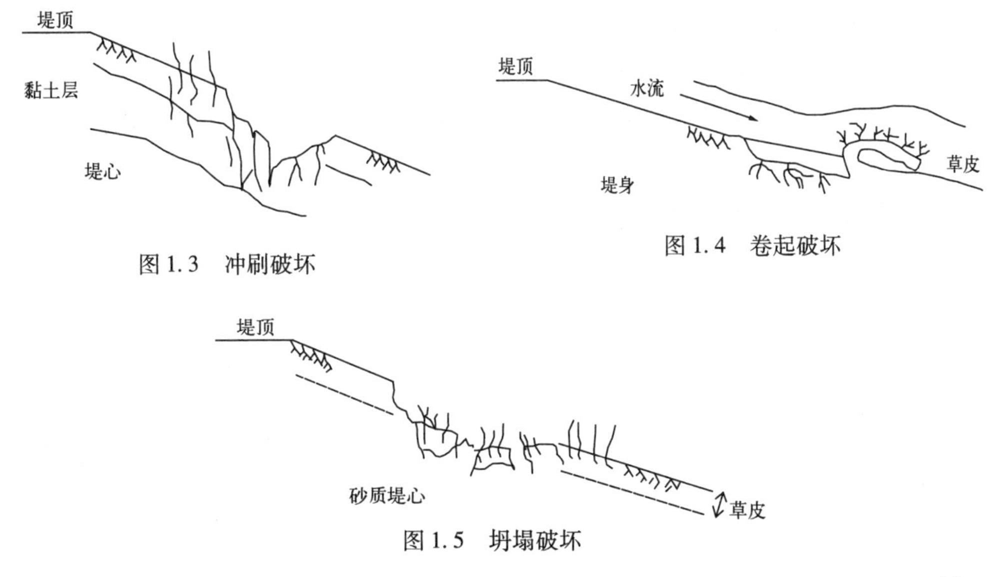

图1.3 冲刷破坏

图1.4 卷起破坏

图1.5 坍塌破坏

1.5.2 国内研究进展

我国在内坡防护方面，研究成果较少。范红霞(2006)通过物理模型试验定性分析了内坡越浪流速和压强，针对防浪墙高度对越浪流参数的影响进行了试验研究，结果表明，随着墙顶高度的增加堤顶受到的冲击压强增大，内坡流速减小。这主要是因为墙顶高度增加，越浪水体在越浪墙前的跃起高度增大，对堤顶的冲击作用随之增强，然而越浪量减小，越浪流的初始流速减小，导致内坡流速减小。周益人(2008)对内坡防护问题进行了研究，得到了堤顶最大压强和内坡最大流速的经验公式。

纪巧玲(2012)利用数值建模方法给出了两种断面尺寸的堤顶及内坡的越浪流流场和不同侵蚀指标的侵蚀分析。孙苗苗(2010)利用 FLUENT 软件进行数值建模，有效模拟了波浪在内坡的流速和厚度问题，并分析了堤顶宽度、内坡坡度、堤面糙率对越浪流的影响。李楠(2012)对防波堤护面块体稳定性进行了物理模型试验研究，分析了防波堤前坡和内坡块体在不规则波作用下的稳定性，在试验结果基础上，对防波堤断面进行优化，使断面形状更加合理。

波浪和风暴潮联合作用下的越浪会造成多数防洪堤的破坏，其破坏位置主要发生在堤顶和内坡。Li 等(2014)通过大尺度二维水槽试验，探究了在波浪和风暴潮联合越浪作用下人工混凝土块护面结构的稳定性。陈伟秋等(2016，2017)，陈衍顺等(2016)，王登婷等(2017)对海堤后坡混凝土板、干砌块石及抛石等护面进行了系列二维物理模型试验，根据越浪对堤后不同坡度、不同护面厚度(或重量)的冲刷破坏情况，讨论了堤后混凝土板护面、干砌块石及抛石的稳定厚度(或重量)与越浪量、后坡坡度之间的关系，给出了不规则波作用下不同坡度的后坡混凝土板、干砌块石及抛石的稳定厚度(或重量)的计算公式。

尽管在越浪流流速及厚度方面的研究成果较丰富，但各公式之间的计算结果差异较大，且适用性有限。我国防波堤多设有防浪墙，因此越浪水体在堤顶及内坡的运动与无防浪墙不同，且越浪形态更加复杂，因此如果用国外越浪流研究成果，可能会存在一定偏差。目前在内坡破坏机理方面的研究成果较少，且国外海堤内坡护面形式多为草皮护坡，而我国内坡护面形式主要为干砌块石护坡、混凝土板护坡、抛石护坡等，因此国外成果很难应用于我国海堤形式。应针对我国内坡护面形式，进行内坡破坏试验，研究不同护面形式下的破坏机理，提出护面稳定厚度或稳定重量计算公式，为内坡设计及加固提供依据。

第2章　基本理论

本章将对波浪与透水防波堤相互作用的控制方程进行推导。研究对象为波浪-可渗透结构的二维系统，如图2.1所示。

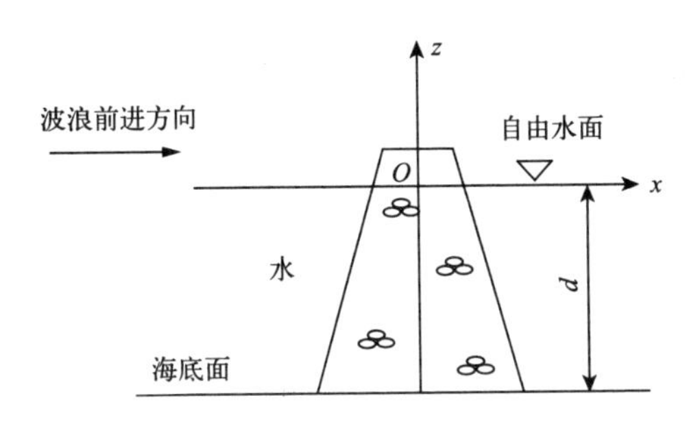

图2.1　波浪-可渗透结构示意

假定流体不可压缩且密度为常数，则微分形式的连续性方程为

$$\frac{\partial \rho}{\partial t}+\vec{u}\cdot\nabla\rho+\rho(\nabla\cdot\vec{u})=0 \tag{2.1}$$

如果流体不可压缩，则$\frac{\mathrm{d}\rho}{\mathrm{d}t}=\frac{\partial \rho}{\partial t}+\vec{u}\cdot\nabla\rho=0$，由式(2.1)得

$$\nabla\cdot\vec{u}=0 \tag{2.2}$$

或

$$\frac{\partial u}{\partial x}+\frac{\partial w}{\partial z}=0 \tag{2.3}$$

考虑到源项S^*的存在，式(2.3)可写为

$$\frac{\partial u}{\partial x}+\frac{\partial w}{\partial z}=S^* \tag{2.4}$$

式中：ρ为流体的密度；$\vec{u}$为流体质点各向的速度向量；u为流体质点x方向的速度；w为流体质点z方向的速度。

上式适用于防波堤外部的流体区域。结构内部的区域由多孔介质和水共同组成。定义γ_v为体积孔隙率，γ_x、γ_y和γ_z分别为x、y和z方向的面积孔隙率。

本文以平面波动场为对象，不考虑γ_y的影响。

对于多孔介质内部，连续性方程为

$$\frac{\partial(\gamma_x u)}{\partial x} + \frac{\partial(\gamma_z w)}{\partial z} = S^* \tag{2.5}$$

上式对于介质外部的水体同样适用，此时$\gamma_x = \gamma_z = 1$。

不可压缩流体的 N－S 方程表达式为

$$\rho \frac{\mathrm{d}u_i}{\mathrm{d}t} = \rho f_i - \frac{\partial p}{\partial x_i} + \frac{\partial}{\partial x_i}\left[\mu\left(\frac{\partial u_i}{\partial x_j} + \frac{\partial u_j}{\partial x_i}\right)\right] \tag{2.6}$$

上式中f_i 为质量力，p 为压强，流体动力黏性系数μ 随流体的种类、温度及压强的变化而变化，对于既定流体的运动，μ 应视作位置的函数。压强对μ 的影响较小，通常忽略不计。当温度变化不大时，μ 可取为与温度、位置无关的常数。于是有

$$\rho \frac{\mathrm{d}u_i}{\mathrm{d}t} = \rho f_i - \frac{\partial p}{\partial x_i} + \mu \frac{\partial^2 u_i}{\partial x_j \partial x_j} \qquad (i,j = 1,2) \tag{2.7}$$

矢量表达式为

$$\frac{\mathrm{d}\vec{u}}{\mathrm{d}t} = \vec{f_b} - \frac{1}{\rho} \nabla p + \nu \nabla^2 \vec{u} \tag{2.8}$$

其中：$\nu = \frac{\mu}{\rho}$； $\nabla^2 = \frac{\partial^2}{\partial x^2} + \frac{\partial^2}{\partial y^2} + \frac{\partial^2}{\partial z^2}$。

式(2.7)和式(2.8)就是常黏性系数的不可压缩流体的 N－S 方程。

按照达朗伯原理，式(2.8)可写为

$$-\frac{\mathrm{d}\vec{u}}{\mathrm{d}t} + \vec{f_b} - \frac{1}{\rho} \nabla p + \nu \nabla^2 \vec{u} = 0 \tag{2.9}$$

上式中四项依次为作用于单位质量流体的惯性力、质量力、压强梯度力和黏性力。

对于孔隙内流体并考虑到源项的存在，式(2.8)可写为

$$\begin{cases} \gamma_v \dfrac{\partial u}{\partial t} + \gamma_x u \dfrac{\partial u}{\partial x} + \gamma_z w \dfrac{\partial u}{\partial z} = -\gamma_v \dfrac{1}{\rho} \dfrac{\partial p}{\partial x} - M_x - R_x \\ \qquad + \dfrac{1}{\rho}\left(\dfrac{\partial \gamma_x \tau_{xx}}{\partial x} + \dfrac{\partial \gamma_z \tau_{zx}}{\partial z}\right) - \dfrac{2\nu}{3} \dfrac{\partial \gamma_x S^*}{\partial x} \\ \gamma_v \dfrac{\partial w}{\partial t} + \gamma_x u \dfrac{\partial w}{\partial x} + \gamma_z w \dfrac{\partial w}{\partial z} = -\gamma_v g_z - \gamma_v \dfrac{1}{\rho} \dfrac{\partial p}{\partial z} - M_z - R_z \\ \qquad + \dfrac{1}{\rho}\left(\dfrac{\partial \gamma_x \tau_{xz}}{\partial x} + \dfrac{\partial \gamma_z \tau_{zz}}{\partial z}\right) - \dfrac{2\nu}{3} \dfrac{\partial \gamma_z S^*}{\partial z} - \lambda w \end{cases} \tag{2.10}$$

其中：$\tau_{xx} = 2\mu \frac{\partial u}{\partial x}$； $\tau_{zz} = 2\mu \frac{\partial w}{\partial z}$； $\tau_{zx} = \tau_{xz} = \mu\left(\frac{\partial u}{\partial z} + \frac{\partial w}{\partial x}\right)$。

式中：M_x、M_z 为惯性力，表达式为

$$M_x = (1 - \gamma_v) C_M \frac{\mathrm{d}u}{\mathrm{d}t} = (1 - \gamma_v) C_M \left(\frac{\partial u}{\partial t} + u \frac{\partial u}{\partial x} + w \frac{\partial u}{\partial z}\right) \tag{2.11}$$

$$M_z = (1 - \gamma_v) C_M \frac{\mathrm{d}w}{\mathrm{d}t} = (1 - \gamma_v) C_M \left(\frac{\partial w}{\partial t} + u \frac{\partial w}{\partial x} + w \frac{\partial w}{\partial z}\right) \tag{2.12}$$

式中：C_M 为惯性系数，$C_M = 1 + C_m$，C_m 为附加质量系数。C_m、C_M 的取值范围如下：

$$0 \leqslant C_m \leqslant \frac{\gamma_v}{1 - \gamma_v} \tag{2.13}$$

$$1 \leqslant C_M \leqslant \frac{1}{1 - \gamma_v} \tag{2.14}$$

若透过层的孔隙率 γ_v 取0.4，则惯性系数取值范围为$1 \leqslant C_M \leqslant 1.67$，根据相关研究成果，通常 $C_M = 1.5$。

R_x、R_z 为速度力，表达式为

$$R_x = \frac{1}{2\delta_x} \rho C_D (1 - \gamma_x) u \sqrt{u^2 + w^2} \tag{2.15}$$

$$R_z = \frac{1}{2\delta_z} \rho C_D (1 - \gamma_z) w \sqrt{u^2 + w^2} \tag{2.16}$$

第3章　波浪与透水防波堤相互作用的半理论半解析解及理论分析

当入射波行进到防波堤时，一部分能量被反射，一部分能量由于波浪破碎而损耗，剩下的能量向防波堤内部传递，并穿过防波堤，传输到堤后。当在建筑物内部传递时，波高将发生衰减。为了正确预测防波堤内部波浪衰减特征，本章首先采用大颗粒介质孔隙内流动非恒定运动方程描述波浪在堤心内部的运动，该方程经过线性化技术处理后可近似描述介质内部的紊流运动。入射波选用线性波。边界条件满足海水与防波堤交界面的水流速度和压强连续。然后，对非达西渗流的福希海默方程进行半理论半经验推导分析，得到可渗透防波堤透射系数的计算公式。

本章计算和分析过程中均未考虑堤顶越浪量对堤后波高的影响。

3.1　半理论半解析解

3.1.1　运动方程

建筑物孔隙内的流体运动可采用渗流速度和压强进行描述。这些物理量均为有限长度且连续分布的孔隙体积上的平均值。不可压缩流体运动方程可由式(2.10)简化为

$$\begin{cases}\dfrac{\partial u_i}{\partial t} = -\dfrac{1}{\rho}\ \nabla(p + \gamma z) + R_i \qquad (i = 1,2) \\ \nabla \cdot u_i = 0\end{cases} \tag{3.1}$$

局部的空间扰动和瞬时扰动对速度场的影响通过速度力项进行考虑。由于有限振幅波在大颗粒介质内衰减较快，因此对流加速度项可忽略不计。

式(3.1)中的速度力项可结合已知的恒定流和非恒定流之间的应力关系来计算。Ward(1964)对恒定流通过大颗粒透水介质的压强比降采用下式进行描述：

$$-\frac{1}{\rho}\ \nabla(p + \gamma z) = \frac{\nu}{K_s} n \cdot u + \frac{C_f}{\sqrt{K_s}} n^2 u\,|u| \tag{3.2}$$

式中：K_s 是介质的渗透系数；C_f 是无因次湍流阻力系数；式中的线性项表示低雷诺数流动。

假定非恒定流可通过增加描述由于介质内不连续颗粒附加质量引起的附加速度力这一项来考虑。由于附加质量引起的速度力项可由下式表示：

$$R = \frac{1-n}{n} C_M \frac{\partial u}{\partial t} \tag{3.3}$$

结合 Ward 提出的恒定流衰减法则，将式(3.3)中的速度力项代入式(3.1)得

$$\frac{\partial u}{\partial t} = -\frac{1}{\rho} \nabla(p+\gamma z) - \frac{\nu}{K_s} nu - \frac{C_f}{\sqrt{K_s}} n^2 u|u| - \frac{1-n}{n} C_M \frac{\partial u}{\partial t} \tag{3.4}$$

定义 $S = 1 + \frac{1-n}{n} C_M$，可得

$$S\frac{\partial u}{\partial t} = -\frac{1}{\rho} \nabla(p+\gamma z) - \frac{\nu}{K_s} nu - \frac{C_f}{\sqrt{K_s}} n^2 u|u| \tag{3.5}$$

对于低雷诺数和恒定流条件，式(3.5)可简化为达西渗流定律。

3.1.2　线性化技术

为求解式(3.5)的解析解，将式(3.5)中的弥散应力项采用等效的线性应力项表示，即：

$$\frac{\nu nu}{K_s} + \frac{C_f n^2}{\sqrt{K_s}} u|u| \rightarrow f\sigma u \tag{3.6}$$

式中：σ 为周期运动的频率；f 是无因次衰减系数。

为了得到 f 值，需保证一个周期内的能量损耗总和相等。因此：

$$\int_{\forall} n \mathrm{d}\forall \int_{t}^{t+T} f\sigma u \cdot \rho u \mathrm{d}t = \int_{\forall} n \mathrm{d}\forall \int_{t}^{t+T} \left(\frac{\nu nu}{K_s} + \frac{C_f n^2}{\sqrt{K_s}} u|u| \right) \cdot \rho u \mathrm{d}t$$

假定 f 在整个体积 $\forall$ 上均为一常量，因此：

$$f = \frac{1}{\sigma} \cdot \frac{\int_{\forall} \mathrm{d}\forall \int_{t}^{t+T} n^2 \left(\frac{\nu u^2}{K_s} + \frac{C_f n}{\sqrt{K_s}} |u|^3 \right) \mathrm{d}t}{\int_{\forall} \mathrm{d}\forall \int_{t}^{t+T} nu^2 \mathrm{d}t} \tag{3.7}$$

式(3.7)中关于介质的相关参数可通过防波堤材料的恒定流试验得出。通过迭代方法求解 f 和 u。

将式(3.6)和式(3.7)表示的线性衰减项代入式(3.5)，得

$$S\frac{\partial u}{\partial t} = -\frac{1}{\rho} \nabla(p+\gamma z) - f\sigma u \tag{3.8}$$

3.1.3　势流场

式(3.8)中的运动方程对于 u 和 p 都是线性和简谐的，可采用分离变量法求解，得

$$\{u(x,y,z,t), p(x,y,z,t)\} = \{u(x,y,z), p(x,y,z)\} \mathrm{e}^{i\sigma t}$$

且 $\frac{\partial}{\partial t}\{u, p\} = i\sigma\{u, p\}$。

将上式代入式(3.8)，得

$$(i\sigma S+f\sigma)u=-\frac{1}{\rho}\nabla(p+\gamma z)$$

对上式做旋度操作，且由于 $\nabla\times\nabla T=0$，因此：

$$\sigma(iS+f)\ \nabla\times u=-\frac{1}{\rho}\ \nabla\times\nabla(p+\gamma z)=0$$

因此，$\nabla\times u=0$。

上式证明流场是无旋的，且必定存在势函数，定义：

$$u=\nabla\phi \tag{3.9}$$

由连续方程可得拉普拉斯方程：

$$\nabla\cdot u=\nabla\cdot\nabla\phi=\nabla^2\phi=0$$

将式(3.9)代入式(3.8)，得

$$S\frac{\partial}{\partial t}\nabla\phi=-\frac{1}{\rho}\nabla(p+\gamma z)-f\sigma\nabla\phi$$

即：

$$\nabla\left\{S\frac{\partial\phi}{\partial t}+\frac{1}{\rho}(p+\gamma z)+f\sigma\phi\right\}=0$$

因此：

$$S\frac{\partial\phi}{\partial t}+\frac{1}{\rho}(p+\gamma z)+f\sigma\phi=F(t)$$

由于任一时间整个流场内 $F(t)$ 为常量，故其对应力梯度无影响，则 $F(t)$ 可被忽略，因此：

$$S\frac{\partial\phi}{\partial t}+\frac{1}{\rho}(p+\gamma z)+f\sigma\phi=0 \tag{3.10}$$

上式即为采用准线性衰减法则得到的大颗粒介质中流动的线性化非恒定伯努利(Bernoulli)方程。

3.1.4 边值问题

求解区域的垂直剖面定义为：$z=-d$(水底) ~ $z=\eta$(水面)。

毛细管现象和表面张力被忽略，流体表面的压强等于大气压强。

由于 $z=\eta$ 时，$p=0$，因此自由表面动力条件为

$$\eta=-\frac{1}{g}\left(S\frac{\partial\phi}{\partial t}+f\sigma\phi\right)_{z=\eta}$$

由微幅波理论考虑，上式可写为

$$\eta=-\frac{1}{g}\left(S\frac{\partial\phi}{\partial t}+f\sigma\phi\right)_{z=0} \tag{3.11}$$

自由表面在静水位附近升、降的速率$\frac{\mathrm{d}\eta}{\mathrm{d}t}$等于自由表面的垂向速度分量$\frac{\partial\phi}{\partial z}$，因此，自由表面运动条件为

$$\frac{\mathrm{d}\eta}{\mathrm{d}t}=\frac{\partial\eta}{\partial t}+\frac{\partial\eta}{\partial x}\cdot\frac{\mathrm{d}x}{\mathrm{d}t}=\left.\frac{\partial\phi}{\partial z}\right|_{z=0} \tag{3.12}$$

式(3.12)中的二阶对流项可被忽略。将式(3.12)代入式(3.11)：

$$\left[g\frac{\partial\phi}{\partial z}+\sigma^2(if-S)\phi\right]_{z=0}=0 \tag{3.13}$$

假设海床底部不透水，因此：

$$\left.\frac{\partial\phi}{\partial z}\right|_{z=-d}=0 \tag{3.14}$$

由上述推导可得控制方程及边界条件为

$$\begin{cases}\nabla^2\phi=0 & \\ g\dfrac{\partial\phi}{\partial z}+\sigma^2(if-S)\phi=0 & (z=0)\\ \dfrac{\partial\phi}{\partial z}=0 & (z=-d)\end{cases}$$

3.1.5　求解

采用分离变量法求解上述控制方程。横坐标与波浪传播方向相同。上述方程解的一般形式为

$$\phi_n=i(a_{1n}\mathrm{e}^{-iK_nx}+a_{2n}\mathrm{e}^{iK_nx})\frac{g}{\sigma(S-if)}\frac{\mathrm{ch}[K_n(d+z)]}{\mathrm{ch}(K_nd)}\mathrm{e}^{i\sigma t} \tag{3.15}$$

其中：

$$\sigma^2(S-if)=gK_n\mathrm{th}(K_nd) \tag{3.16}$$

从上式可看出，对于每一个本征值 K_n，均有 a_{1n} 和 a_{2n} 确定的本征函数 ϕ_n 与之对应。每一个本征函数均是上述边值问题的解。最终的解则是所有本征函数之和。理论上，本征函数的数量有无穷多个，但在实际应用中，有限个本征函数之和即可达到一定的精度。因此：

$$\phi=\sum_{n=1}^{\infty}\phi_n \tag{3.17}$$

式(3.16)等价于线性波理论的弥散方程。将 K_n 分成实部和虚部后可表示为

$$K_n=\Gamma_n(1-i\alpha_n) \tag{3.18}$$

将式(3.18)代入式(3.16)并经推导后可将复数弥散关系转换成如下两个包含实数 α_n 和 Γ_n 的方程：

$$\frac{S\sigma^2}{g}=\Gamma_n\mathrm{th}(\Gamma_nd)\frac{1-\alpha_n\sin(2\alpha_n\Gamma_nd)/\mathrm{sh}(2\Gamma_nd)}{1-\sin^2(\alpha_n\Gamma_nd)/\mathrm{ch}^2(\Gamma_nd)}$$

$$\frac{f}{S}=\alpha_n\cdot\frac{1+\sin(2\alpha_n\Gamma_nd)/[\alpha_n\mathrm{sh}(2\Gamma_nd)]}{1-\alpha_n\sin(2\alpha_n\Gamma_nd)/\mathrm{sh}(2\Gamma_nd)}$$

当无衰减($f=0$)且无附加质量影响($S=1.0$)时，上述方程即为线性波理论的速度

势函数和弥散关系。

将式(3.15)、式(3.16)、式(3.18)代入自由表面动力条件，可得

$$\eta_n = a_{1n}\exp[-\alpha_n\Gamma_n x + i(\sigma t - \Gamma_n x)] + a_{2n}\exp[\alpha_n\Gamma_n x + i(\sigma t + \Gamma_n x)]$$

3.1.6 直立式可渗透防波堤

直立式防波堤的定义如图3.1所示。防波堤的宽度取为 B。

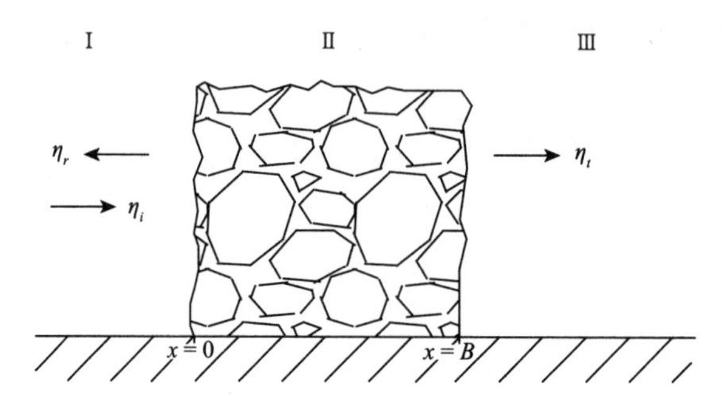

图3.1 直立式结构

当波浪遇到防波堤的前表面($x=0$)，部分能量被反射，部分能量传入堤心内部。传入堤心内部的波浪遇到防波堤的后表面($x=B$)时，一部分能量穿过防波堤，另一部分能量被反射回来。

对图中区域Ⅰ~区域Ⅲ，可求得三个区域的通解。

区域Ⅰ($f=0$ 且 $S=1.0$)：

$$\begin{cases} \phi_{\mathrm{I}} = \phi_i + \sum\limits_{n=1}^{\infty}\phi_{rn} \\ \phi_i = ia_i \mathrm{e}^{-ik_1x}\dfrac{\sigma}{k_1}\dfrac{\mathrm{ch}[k_1(d+z)]}{\mathrm{sh}(k_1d)}\mathrm{e}^{i\sigma t} \\ \phi_{rn} = ia_{rn}\mathrm{e}^{ik_nx}\dfrac{\sigma}{k_n}\dfrac{\mathrm{ch}[k_n(d+z)]}{\mathrm{sh}(k_nd)}\mathrm{e}^{i\sigma t} \\ \dfrac{p_{\mathrm{I}}}{\rho} = -i\sigma\phi_{\mathrm{I}} - gz,\ \sigma^2 = gk_n\mathrm{th}(k_nd) \end{cases}$$

区域Ⅱ(系数待定，需求解，因此f，S 无定值)：

$$\begin{cases} \phi_{\mathrm{II}} = \sum\limits_{n=1}^{\infty}\phi_n \\ \phi_n = i[a_{1n}\mathrm{e}^{-iK_nx} + a_{2n}\mathrm{e}^{iK_n(x-B)}]\dfrac{\sigma}{K_n}\dfrac{\mathrm{ch}[K_n(d+z)]}{\mathrm{sh}(k_nd)}\mathrm{e}^{i\sigma t} \\ \dfrac{p_{\mathrm{II}}}{\rho} = -(iS+f)\phi_{\mathrm{II}} - gz,\ \sigma^2(S-if) = gK_n\mathrm{th}(K_nd) \end{cases}$$

区域Ⅲ($f=0$ 且 $S=1.0$)：

$$\begin{cases}\phi_{\text{Ⅲ}} = \sum_{n=1}^{\infty}\phi_{tn} \\ \phi_{tn} = ia_{tn}\mathrm{e}^{-ik_n(x-B)}\dfrac{\sigma}{k_n}\dfrac{\mathrm{ch}[k_n(d+z)]}{\mathrm{sh}(k_n d)}\mathrm{e}^{i\sigma t} \\ \dfrac{p_{\text{Ⅲ}}}{\rho} = -i\sigma\phi_{\text{Ⅲ}} - gz,\ \sigma^2 = gk_n\mathrm{th}(k_n d)\end{cases}$$

上述方程组包含有 $4n$ 个未知量，也就是说，对 a_{rn}、a_{1n}、a_{2n}和 a_{tn}均各有 n 个未知量。为了得到它们的解，需要另外的 $4n$ 个边界条件。由于在 $x=0$ 及 $x=B$ 边界上的连续性，得

$x=0$：

$$u_{\text{Ⅰ}} = nu_{\text{Ⅱ}} \quad 或 \quad \frac{\partial\phi_{\text{Ⅰ}}}{\partial x} = n\frac{\partial\phi_{\text{Ⅱ}}}{\partial x}$$

$$p_{\text{Ⅰ}} = p_{\text{Ⅱ}} \quad 或 \quad \phi_{\text{Ⅰ}} = (S-if)\phi_{\text{Ⅱ}}$$

$x=B$：

$$nu_{\text{Ⅱ}} = u_{\text{Ⅲ}} \quad 或 \quad n\frac{\partial\phi_{\text{Ⅱ}}}{\partial x} = \frac{\partial\phi_{\text{Ⅲ}}}{\partial x}$$

$$p_{\text{Ⅱ}} = p_{\text{Ⅲ}} \quad 或 \quad (S-if)\phi_{\text{Ⅱ}} = \phi_{\text{Ⅲ}}$$

对于水深 z 的 n 个不同值，可简化为 $4n\times4n$ 的复数矩阵。

利用本征函数的正交属性，可对上述方程做相当大的简化。本征函数的正交属性为

$$\int_{-d}^{0}\phi_m\phi_n\mathrm{d}z = 0 \qquad (m\neq n)$$

利用上述属性，可采用函数 $\mathrm{ch}[K_m(d+z)]$去乘以交界面上的边界条件，然后再沿水深进行积分，结果为

$$\begin{cases}\sum_{n=1}^{\infty}C_{rn}\dfrac{K_m^2-k_1^2}{K_m^2-k_n^2}\left(\dfrac{k_n}{k_1}+\dfrac{n}{S-if}\dfrac{K_m}{k_1}\right)+\mathrm{e}^{-iK_mB}\sum_{n=1}^{\infty}C_{tn}\dfrac{K_m^2-k_1^2}{K_m^2-k_n^2}\left(\dfrac{k_n}{k_1}-\dfrac{n}{S-if}\dfrac{K_m}{k_1}\right)=1.0-\dfrac{n}{S-if}\dfrac{K_m}{k_1} \\ \sum_{n=1}^{\infty}C_{rn}\dfrac{K_m^2-k_1^2}{K_m^2-k_n^2}\left(\dfrac{k_n}{k_1}-\dfrac{n}{S-if}\dfrac{K_m}{k_1}\right)+\mathrm{e}^{-iK_mB}\sum_{n=1}^{\infty}C_{tn}\dfrac{K_m^2-k_1^2}{K_m^2-k_n^2}\left(\dfrac{k_n}{k_1}+\dfrac{n}{S-if}\dfrac{K_m}{k_1}\right)=1.0+\dfrac{n}{S-if}\dfrac{K_m}{k_1} \\ C_{1m}=\dfrac{S-if-1}{n}\dfrac{k_1K_m}{K_m^2-k_n^2}\cdot\dfrac{\mathrm{sh}(K_md)\mathrm{ch}(K_md)}{\mathrm{sh}(K_md)\mathrm{ch}(K_md)+K_md}\left[1.0+\dfrac{n}{S-if}\dfrac{K_m}{k_1}-\sum_{n=1}^{\infty}C_{rn}\dfrac{K_m^2-k_1^2}{K_m^2-k_n^2}\left(\dfrac{k_n}{k_1}-\dfrac{n}{S-if}\dfrac{K_m}{k_1}\right)\right] \\ C_{2m}=\dfrac{S-if-1}{n}\dfrac{k_1K_m}{K_m^2-k_1^2}\cdot\dfrac{\mathrm{sh}(K_md)\mathrm{ch}(K_md)}{\mathrm{sh}(K_md)\mathrm{ch}(K_md)+K_md}\left[-\sum_{n=1}^{\infty}C_{rn}\dfrac{K_m^2-k_1^2}{K_m^2-k_n^2}\left(\dfrac{k_n}{k_1}-\dfrac{n}{S-if}\dfrac{K_m}{k_1}\right)\right]\end{cases}$$

其中：C_{rn}，C_{1n}，C_{2n}，C_{tn}分别等于$\dfrac{a_{rn}}{a_i}$，$\dfrac{a_{1n}}{a_i}$，$\dfrac{a_{2n}}{a_i}$，$\dfrac{a_{tn}}{a_i}$。

可见，上述方程组已简化为求解 $2n\times 2n$ 的矩阵。

上述方程的解由以下参数确定：防波堤宽度 B，水深 d，堤心介质孔隙率 n 及衰减系数 f，堤心内外的波数 K_n 和 k_n。

3.1.7 长波的解

由于复数矩阵中的级数形式，很难得到上述方程的解。但是，在长波假定（$\dfrac{d}{L}<\dfrac{1}{20}$）的前提下，可简化后得到上述方程的解，此时：

$$\frac{\sigma^2 d}{g}=k_n d\,\mathrm{th}(k_n d)\approx(kd)^2$$

$$\frac{\sigma^2 d}{g}(S-if)=K_n d\,\mathrm{th}(K_n d)\approx(Kd)^2 \tag{3.19}$$

将 $Kd=\Gamma d(1-i\alpha)$ 代入式(3.19)，分离实、虚部可得

$$\Gamma^2 d^2=\frac{1}{2}\frac{\sigma^2 d}{g}S\left(1+\sqrt{1+f^2/S^2}\right),\ \alpha=\frac{\sqrt{1+f^2/S^2}-1}{f/S} \tag{3.20}$$

需要注意的是，相对于堤心外的波数而言，衰减系数 f 增加了堤心内部的波数，即导致堤心内波长变短。通常来讲，摩擦抑制波浪传播，波速和波长均减小。

由于水深和防波堤宽度的量级相同，较小的 Kd 也意味着较小的 KB。因此，上述方程的解为

$$\begin{cases} C_r=\dfrac{S-if-n^2}{S-if+n^2-i2n\dfrac{\sqrt{gd}}{\sigma B}} \\ C_t=\dfrac{1}{1+\dfrac{i}{2n}\dfrac{\sigma B}{\sqrt{gd}}(S-if+n^2)} \end{cases} \tag{3.21}$$

上述各式为 $L\gg d$ 且 $L\gg B$ 前提条件下的精确解。C_r、C_t 分别为反射系数和透射系数。

由上述公式可见：①对于纯水体，即 $n=100\%$ 且 $f=0$，$S=1$，此时，$C_t\to 1$，$C_r\to 0$；②随着 $n\to 0$，防波堤逐渐变成实体直墙，此时，$C_t\to 0$，$C_r\to 1$；③随着防波堤宽度的减小（$B\to 0$），此时，$C_t\to 0$，$C_r\to 1$；④随着周期的变化（$\sigma\to 0$），此时，$C_t\to 0$，$C_r\to 1$。

由于衰减系数 f 表征整个防波堤的衰减特性，因此式(3.7)中的体积积分可用如下形式表示：

$$f\sigma=\frac{\int_{-d}^{0}\mathrm{d}z\int_{0}^{B}\mathrm{d}x\int_{t}^{t+T}n^2\left(\nu u_R^2/K_s+C_f n\,|u_R|^3/\sqrt{K_s}\right)\mathrm{d}t}{\int_{-d}^{0}\mathrm{d}z\int_{0}^{B}\mathrm{d}x\int_{t}^{t+T}n u_R^2\,\mathrm{d}t} \tag{3.22}$$

式中：u_R 为复数速度 u 的实部。

3.1.8　求解流程

求解方法为直接迭代法，主要流程如下：

①假定f的起始值为1.0；

②求解式(3.15)，当$kd \leqslant \pi$时，$n_0 = 5$即可得到95%的收敛；

③求解矩阵方程；

④利用上一步得到的u，由式(3.22)求解f；

⑤比较计算得到的f值与假定的f值，如差别较大，则转至②重新计算；

⑥C_r、C_t的绝对值即为建筑物反射系数和透射系数。

3.1.9　计算结果及分析

进行斜坡堤计算时，可将其等效为直立式防波堤。图3.2为斜坡式防波堤断面，等效方法如图3.3所示，计算断面如图3.4所示，计算结果分别如图3.5和图3.6所示。

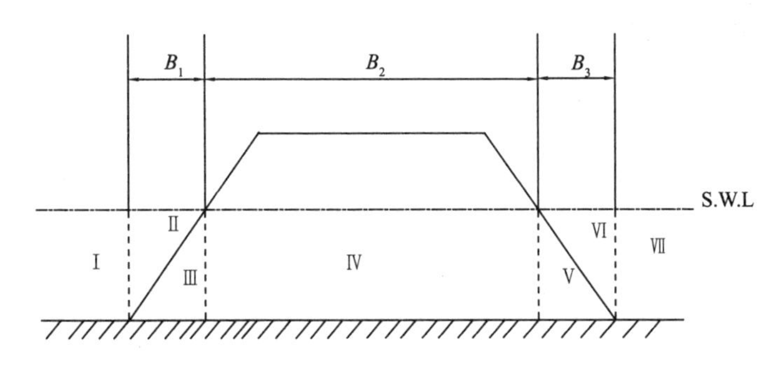

图3.2　斜坡式防波堤断面

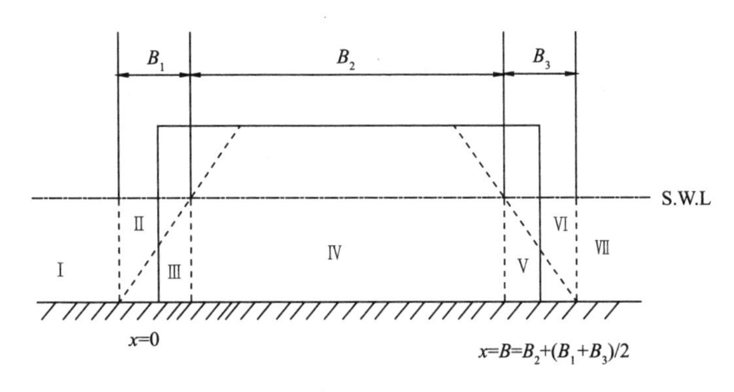

图3.3　等效方法示意

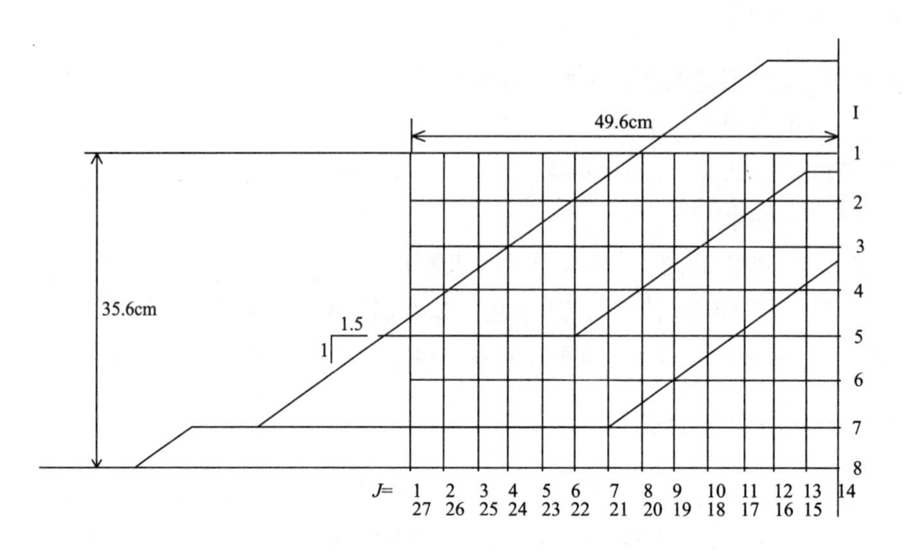

图 3.4　计算断面示意

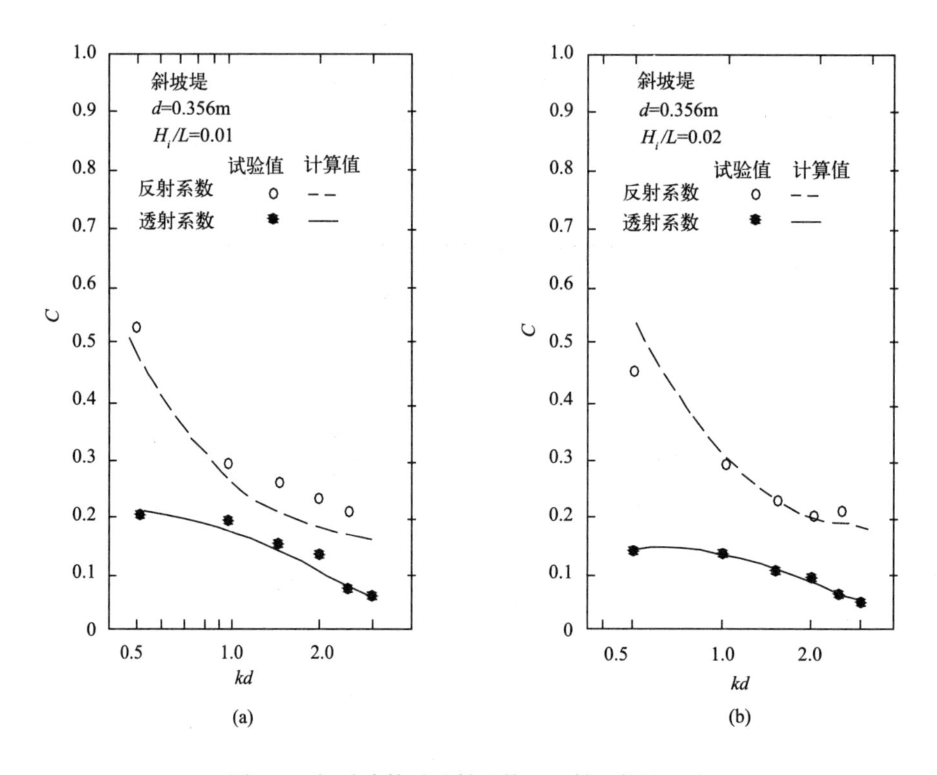

图 3.5　相对波数对透射系数和反射系数的影响

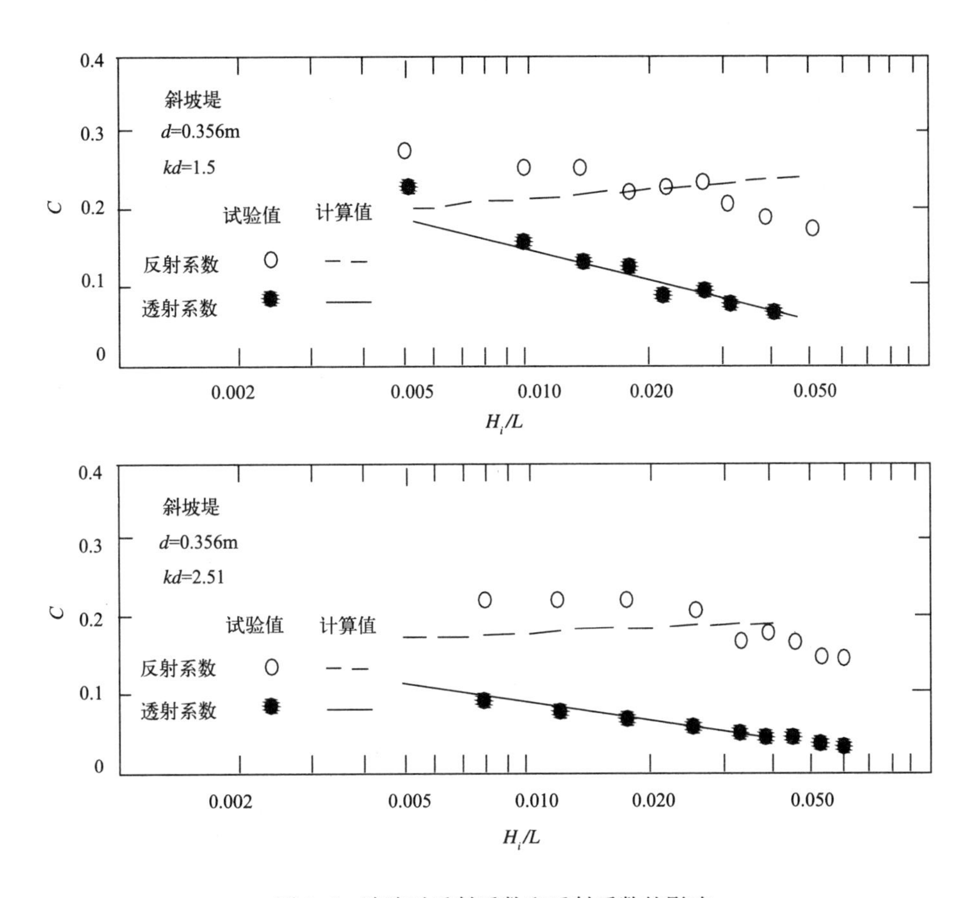

图 3.6　波陡对透射系数和反射系数的影响

从上述计算结果可见，透射系数的计算值与试验值符合良好，且透射系数随 H/L 和 d/L 的增大呈现出减小的趋势。

3.2　理论分析

3.2.1　理论推导

对于非达西渗流的水力坡降：

$$i = au + bu^2 \tag{3.23}$$

很多学者对线性和紊动渗透系数 a、b 的取值进行了大量的试验研究，提出了不少的经验公式，表 3.1 是其部分结果。

表 3.1　线性和紊动渗透系数经验公式

公式	a	b
Ergun(1952)	$a=\alpha_0\frac{(1-n)^2}{n^3}\frac{\nu}{gD_1{}^2}$	$b=\beta_0\frac{1-n}{n^3}\frac{1}{gD_1}$
Engelund(1953)	$a=\alpha_0\frac{(1-n)^3}{n^2}\frac{\nu}{gD_s^2}$	$b=\beta_0\frac{1-n}{n^3}\frac{1}{gD_s}$
Koenders(1985)	$a=\alpha_0\frac{(1-n)^2}{n^3}\frac{\nu}{gD_{15}^2}$	$b=\beta_0\frac{1}{n^5}\frac{1}{gD_{15}}$
Den Adel(1987)	$a=\alpha_0\frac{(1-n)^2}{n^3}\frac{\nu}{gD_{15}^2}$	$b=\beta_0\frac{1}{n^2}\frac{1}{gD_{15}}$
Shih(1990)	$a=\alpha_0\frac{(1-n)^2}{n^3}\frac{\nu}{gD_{15}^2}$	$b=\beta_0\frac{1-n}{n^3}\frac{1}{gD_{15}}$

其中：D_1 为粒径；D_s 为等效粒径；ν 为流体的运动黏性系数，其取值见表 3.2。不同学者得到的无量纲系数 α_0、β_0 取值如下：

Ergun：$\alpha_0=150$，$\beta_0=1.75$

Engelund：$\alpha_0=780\sim1500$，$\beta_0=1.8\sim3.6$

Koenders：$\alpha_0=250\sim330$，$\beta_0=1.4$

Den Adel：$\alpha_0=75\sim350$，$\beta_0=0.9\sim5.3$

Shih：$\alpha_0>1684$，$\beta_0=1.72\sim3.29$

对上述 a、b 的取值分别进行计算，其结果相差不大。本文选用 Engelund(1953)公式，即：

$$a=\alpha_0\frac{(1-n)^3}{n^2}\frac{\nu}{gD_s^2} \tag{3.24}$$

$$b=\beta_0\frac{1-n}{gn^3D_s} \tag{3.25}$$

取：$\alpha_0=1000$，$\beta_0=2.8$。

表 3.2　水的运动黏性系数

水温(℃)	水的运动黏性系数(m^2/s)
0	0.000 001 8
10	0.000 001 3
20	0.000 001 0
30	0.000 000 8

式(3.23)中，u 为渗流流速，根据 Muttray(2000)的研究，应取其平均值进行计算，方程如下：

$$\bar{u} = k_v H(x) \tag{3.26}$$

$$k_v = \frac{n}{\pi}\frac{\omega}{k'd}\left\{1 + \frac{2}{\pi}\left[1 - \frac{\mathrm{ch}(k'd)}{\mathrm{ch}(1.5k'd)}\right]\right\} \tag{3.27}$$

$$\bar{i}(x) = -\nabla\cdot\left[\frac{\bar{p}(x)}{\rho g}\right] = -\frac{2}{\pi}\frac{\partial\bar{p}(x)}{\partial x} = -\frac{2}{\pi}\frac{\partial H(x)}{\partial x} \tag{3.28}$$

式(3.26~3.28)中：n 为孔隙率；d 为水深；$\omega = \frac{2\pi}{T}$；k'为堤心内波数，$k' = 2\pi/L'$，其中 L'为堤心内的波长，$L' = L/\sqrt{D}$，$D = 1.4$。

将式(3.26)和式(3.28)代入方程(3.23)，得

$$-\frac{2}{\pi}\frac{\partial H(x)}{\partial x} = ak_v H(x) + b\left[k_v H(x)\right]^2 \tag{3.29}$$

根据不同的流动状态，该方程可以分别写成线性关系、二次项关系和多项式关系的衰减形式。

(1)线性关系衰减

当雷诺数较小时，渗流区完全为层流运动，沿程为线性关系衰减，忽略二次项，式(3.29)可以写成下列形式：

$$-\frac{2}{\pi}\frac{\partial H(x)}{\partial x} = ak_v H(x) \tag{3.30}$$

求解，得

$$H(x) = \exp\left(-\frac{\pi}{2}ak_v x + C\right) \tag{3.31}$$

其中：$C = \ln(H_0)$，即

$$H(x) = H_0\exp\left(-\frac{\pi}{2}ak_v x\right) \tag{3.32}$$

大量试验和研究表明，对于单纯的线性衰减运动，式(3.24)中的系数 a 不能满足要求，根据 Muttray(2000)的研究，线性渗透系数的取值应为

$$a_{eq} = a + \frac{1}{36}0.43H_0\frac{gb}{\sqrt{cd}}\left[1 + \frac{k'd}{4} - \frac{2}{5}\mathrm{th}(k'd)\right] \tag{3.33}$$

式中：$c = 0.26$；$H_0 = 0.84R_c$，R_c 为波浪斜坡堤上的爬高，Muttray 等(2006)建议爬高采用下式计算：

$$R_c = 1.31H_i(1 + C_r) \tag{3.34}$$

式中：H_i 为入射波高；C_r 为波浪在可渗透斜坡前的反射系数，

$$C_r = 0.07\left[n^{-0.08} + \frac{\tan^{0.62}\alpha}{(H/L_0)^{0.46}}\right] \tag{3.35}$$

(2) 二次项关系衰减

当雷诺数较大时，渗流区完全为紊流运动，沿程为二次项关系衰减，忽略线性项，式(3.29)可以写成下列形式：

$$-\frac{2}{\pi}\frac{\partial H(x)}{\partial x} = b\left[k_v H(x)\right]^2 \tag{3.36}$$

求解，得

$$H(x) = \frac{1}{\frac{\pi}{2}bk_v^2 x - C} \tag{3.37}$$

其中：$C = -\frac{1}{H_0}$，即

$$H(x) = \frac{H_0}{\frac{\pi}{2}bk_v^2 H_0 x + 1} \tag{3.38}$$

(3)多项式关系衰减

当渗流区既包含层流运动又包含紊流运动时，沿程为多项式关系衰减，包括线性项和二次项，即为式(3.29)。

求解，得

$$H(x) = \frac{\pi a k_v}{2\exp\left[\frac{\pi}{2}ak_v(x + C)\right] - \pi b k_v^2} \tag{3.39}$$

其中：$C = \frac{2}{\pi a k_v}\ln\left[\frac{\pi}{2}k_v\left(\frac{a}{H_0} + bk_v\right)\right]$，即

$$H(x) = \frac{a}{\left(\frac{a}{H_0} + bk_v\right)\exp\left(\frac{\pi}{2}ak_v x\right) - bk_v} \tag{3.40}$$

3.2.2 结果分析

本节采用式(3.32)、式(3.38)、式(3.40)，对不同波高、不同周期的条件下，波浪在可渗透斜坡堤内的三种衰减形式进行了求解。

表3.3和表3.4分别为水深$d = 15$cm，斜坡堤坡度为1∶1.5，孔隙率为0.35时，不同周期、不同入射波高条件下的堤后波高透射系数。其中：H_i为入射波高；T为周期；H_{t1}/H_i，H_{t2}/H_i，H_{t3}/H_i分别表示采用线性关系、二次项关系和多项式关系衰减公式计算所得的堤后波高透射系数。

表3.3 不同周期条件下透射系数

H_i(cm)	T(s)	H_{t1}/H_i	H_{t2}/H_i	H_{t3}/H_i
5	0.8	0.10	0.35	0.29
5	1	0.10	0.35	0.29
5	1.2	0.10	0.36	0.30
5	1.5	0.10	0.37	0.31

表 3.4　不同入射波高条件下透射系数

H_i(cm)	T(s)	H_{t1}/H_i	H_{t2}/H_i	H_{t3}/H_i
3	1.5	0.26	0.55	0.46
4	1.5	0.16	0.44	0.37
5	1.5	0.10	0.37	0.31
6	1.5	0.06	0.32	0.27

可见，在入射波高相同的情况下，透射系数随着周期的增大而变化不大；在周期相同的情况下，透射系数随着入射波高的增大而减小。

图 3.7 为入射波高 $H=5$cm，周期 $T=1.5$s 时，线性项、二次项、多项式三种形式的衰减规律比较。由图可知，线性关系沿程衰减最快，多项式关系其次，二次项关系衰减最慢。

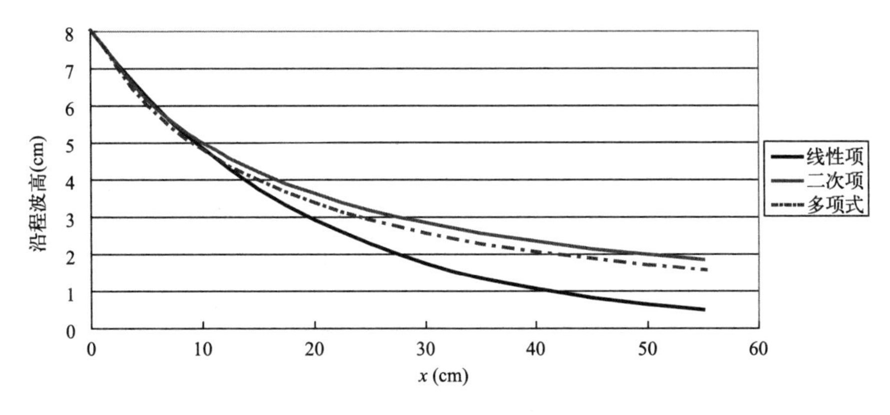

图 3.7　线性项、二次项、多项式三种形式的衰减规律比较

3.3　小结

本章首先采用透水防波堤透射系数和反射系数半理论半解析计算方法，对选定的斜坡堤断面进行计算。计算结果表明，透射系数随着波陡 H/L 和相对水深 d/L 的增大呈现出减小的趋势。

然后，对非达西渗流的福希海默方程进行半理论半经验推导分析，得到可渗透防波堤堤后渗透波高的计算公式(线性关系、二次项关系、多项式关系)。由计算结果可见，在入射波高相同的情况下，透射系数随着周期的变化很小但略有增大；在周期相同的情况下，透射系数随着入射波高的增大而减小。

第4章　基于N-S方程的波浪与透水防波堤相互作用的数值模拟

4.1　数学模型的建立

4.1.1　控制方程

将惯性力表达式(2.11)、式(2.12)和速度力表达式(2.15)、式(2.16)代入运动方程式(2.10)，得到下列方程：

$$\xi_v \frac{\partial u}{\partial t} + \xi_x u \frac{\partial u}{\partial x} + \xi_z w \frac{\partial u}{\partial z} = -\gamma_v \frac{1}{\rho}\frac{\partial p}{\partial x} - \frac{1}{2\delta x}\rho C_D(1-\gamma_x)u\sqrt{u^2+w^2} + \frac{1}{\rho}\left(\frac{\partial \gamma_x \tau_{xx}}{\partial x} + \frac{\partial \gamma_z \tau_{zx}}{\partial z}\right) - \frac{2\nu}{3}\frac{\partial \gamma_x S^*}{\partial x} \tag{4.1}$$

$$\xi_v \frac{\partial w}{\partial t} + \xi_x u \frac{\partial w}{\partial x} + \xi_z w \frac{\partial w}{\partial z} = -\gamma_v g_z - \gamma_v \frac{1}{\rho}\frac{\partial p}{\partial z} - \frac{1}{2\delta z}\rho C_D(1-\gamma_z)w\sqrt{u^2+w^2} + \frac{1}{\rho}\left(\frac{\partial \gamma_x \tau_{xz}}{\partial x} + \frac{\partial \gamma_z \tau_{zz}}{\partial z}\right) - \frac{2\nu}{3}\frac{\partial \gamma_v S^*}{\partial z} - \lambda w \tag{4.2}$$

其中：

$$\begin{cases} \xi_v = \gamma_v + (1-\gamma_v)C_M \\ \xi_x = \gamma_x + (1-\gamma_v)C_M \\ \xi_z = \gamma_z + (1-\gamma_v)C_M \end{cases} \tag{4.3}$$

4.1.2　自由表面追踪

20世纪70年代末，Hints和Nichols(1981)提出VOF(Volume of Fluid)方法，用于描述二维黏性流体非定常流动、含有波浪自由面的问题。VOF方法是一种可以处理任意自由面的方法，其基本原理是利用计算网格单元中流体体积量的变化和网格单元本身体积的比值函数F来确定自由面的位置和形状。若在某时刻网格单元中$F=1$，则说明该单元全部为指定相流体所占据，为流体单元。若$F=0$，则该单元全部为另一相流体所占据，相对于前相流体则称为空单元。当$0<F<1$时，则该单元为包含两相物质的交界面单元。VOF方法将流体体积函数F设定在单元中心，流体速度设置网格单元

的中心，根据相邻网格的流体体积函数 F 和网格单元四边上的流体速度来计算流过指定单元网格的流体体积，借此来确定指定单元内下一时刻的流体体积函数，根据相邻网格单元的流体体积函数 F 来确定自由面单元内自由面的位置和形状。

根据不可压缩流体的连续性方程，引入造波源项后 F 函数的控制方程在形式上可以写成：

$$\frac{\partial F}{\partial t}+\frac{\partial(Fu)}{\partial x}+\frac{\partial(Fw)}{\partial z}=FS^{*} \tag{4.4}$$

本书波浪自由面的处理采用 VOF 方法，自由表面的输运微分方程采用式(4.4)，应用施主—受主模型来计算 F 值的变化。

4.1.3　开敞边界条件及造波

数值波浪水槽是一种计算机的仿真模拟程序，其目的是用来尽可能逼真地模拟真实的物理试验波浪水槽的各种功能。数值波浪水槽不仅需要具有造波功能，同时还需要具有消波功能，因为无论是水槽末端还是水槽中的结构，都会引起水波的二次反射。因此，数值消波也是数值波浪水槽的一项重要技术。

在数值模拟中，针对边界造波和吸收反射波问题已经提出了许多不同的方法。王永学(1994)基于线性造波机理论应用 VOF 方法给出了可吸收造波机数值边界条件，即造波板的运动除了产生行进波外，同时还产生一个抵消反射波的局部波动。Ito 等(1996)、Troch 和 Rouck(1998)基于线性造波理论和线性控制系统，提出了在入射边界处对入、反射波进行分离的方法，从而调整造波信号使其产生入射波的同时，吸收模型产生的反射波，能有效地消除二次反射波对入射波场的干扰。但波浪的非线性较强时，对反射波的吸收效果不理想，且受计算误差的影响较敏感。Brorsen 和 Larsen(1987)提出了适合于边界积分方程方法非线性波的源造波方法(source generation)，即在计算域内设置一造波源，其源项等于生成波(如微幅波)相应的水平速度，在源两边同时产生方向相反的两列波，源项处可同时清除波浪遇建筑物形成的反射波。此法有效克服了主动吸收式和被动吸收式造波边界的缺陷，且源项的导出不受任何波浪条件的限制，因而近年来得到了广泛的应用。Iwata 等(1996)将此法应用于基于 N－S 方程的 SOLAVOF 模型来研究波浪的破碎与变形。高学平等(2002)采用 MAC 法直接数值求解 N－S 方程和连续方程，把适合于边界元法的源造波法移植于 MAC 法，采用消波滤波器和索末菲(Sommerfeld)条件相结合的开敞边界条件处理方法，针对不规则波浪运动数值模拟进行研究。

本书采用线源造波法，即源函数造波器设置于计算域内某一位置，它不受反射波影响。波浪水槽边界上设置为开敞边界条件，采用阻尼的消波处理方式，即在边界设一具有消波功能的海绵阻尼段(sponge layer)以衰减波能的大部分，同时在出流边界处利用索末菲条件，使未能衰减的部分波浪透过边界传到域外。

采用源函数造波时，在计算区域内设置一有限区域作为造波源，同时产生传播方向相反的两列波(图4.1)。在流场中引入源函数，二维流场连续方程积分如下式：

$$\int_{x}^{x+\delta x_s}\int_{z}^{z+\delta z_k}\left(\frac{\partial u}{\partial x}+\frac{\partial w}{\partial z}\right)\mathrm{d}x\mathrm{d}z=\int_{x}^{x+\delta x_s}\int_{z}^{z+\delta z_k}S(z,t)\delta(x-x_s)\,\mathrm{d}x\mathrm{d}z \tag{4.5}$$

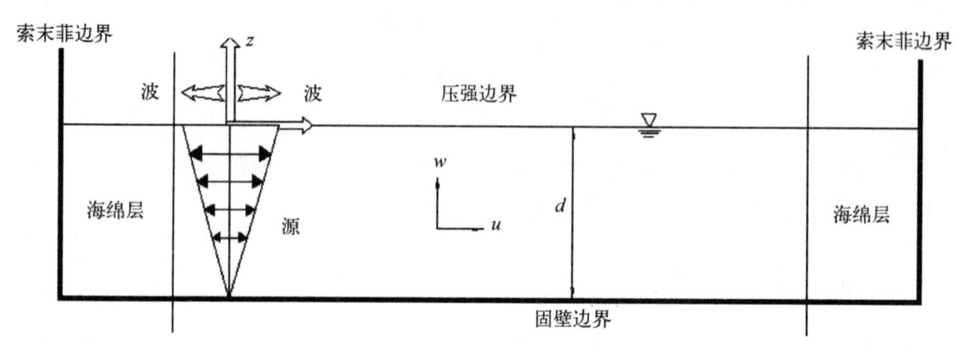

图4.1　二维数值波浪水槽示意

因为$\int_{x}^{x+\delta x_s}\delta(x-x_s)\,\mathrm{d}x=1$，所以：

$$\frac{\partial u}{\partial x}+\frac{\partial w}{\partial z}=\frac{S(z,t)}{\delta x_s} \tag{4.6}$$

相应的源函数为

$$S=\begin{cases}[1-\exp(-2t/T_i)]\cdot 2U_0 & (t/T_i\leqslant 3)\\ 2U_0 & (t/T_i>3)\end{cases} \tag{4.7}$$

在海绵层阻尼消波段内，N－S方程写为：

$$\frac{\partial u}{\partial t}+\frac{\partial u^2}{\partial x}+\frac{\partial uw}{\partial z}=-\frac{1}{\rho}\frac{\partial p}{\partial x}+\nu\nabla^2 u-\mu_0 u \tag{4.8}$$

$$\frac{\partial w}{\partial t}+\frac{\partial uw}{\partial x}+\frac{\partial w^2}{\partial z}=g-\frac{1}{\rho}\frac{\partial p}{\partial z}+\nu\nabla^2 w-\mu_0 w \tag{4.9}$$

式中：μ_0为消波系数，沿波浪传播方向线性分布。在海绵层消波段内，波浪运动需满足连续方程式。

边界处索末菲条件为：

$$\frac{\partial\phi}{\partial t}+c_0\frac{\partial\phi}{\partial x}=0 \tag{4.10}$$

式中：c_0为开敞边界的波速，对规则波取$c_0=L/T$，对不规则波取$c_0=\sqrt{gd}$，d为水深；ϕ为波浪运动的任意变量(如速度、自由表面的位置、k、ε等)。

压力边界条件：

$$\begin{cases}p_{i,k}=(1-\eta)p_{i,k-1}+\eta p_s\\ \eta=\dfrac{\gamma_c}{\gamma}=\dfrac{\delta z_{k-1}+\delta z_k}{\delta z_{k-1}+2F_{i,k}\delta z_k}\end{cases} \tag{4.11}$$

式中：忽视表面张力的影响，$p_s=0$。

4.2　数值计算方法

4.2.1　网格划分

如图4.2所示，波浪数值水槽采用矩形网格，在正常计算区域的每个边界上，设置一层虚拟网格单元，此虚拟网格单元不参加任何数值迭代，仅供设置边界条件时使用。基本差分网格采用交错网格(图4.3)，x方向速度分量$u_{i+1/2,k}$定义在网格右边的中点，z方向速度分量$w_{i,k+1/2}$定义在网格顶边的中点，压力$P_{i,k}$、造波源函数$S_{i,k}$、流体体积函数$F_{i,k}$定义在网格的几何中心位置。在差分格式中采用这种压力与速度交错定义的方法，保证了压力场对速度场的有效约束，可以有效地避免由于压力和速度同时定义在网格中心时离散一阶对流项和压力梯度项出现的伪物理效应，使计算结果收敛到物理上的真实解。

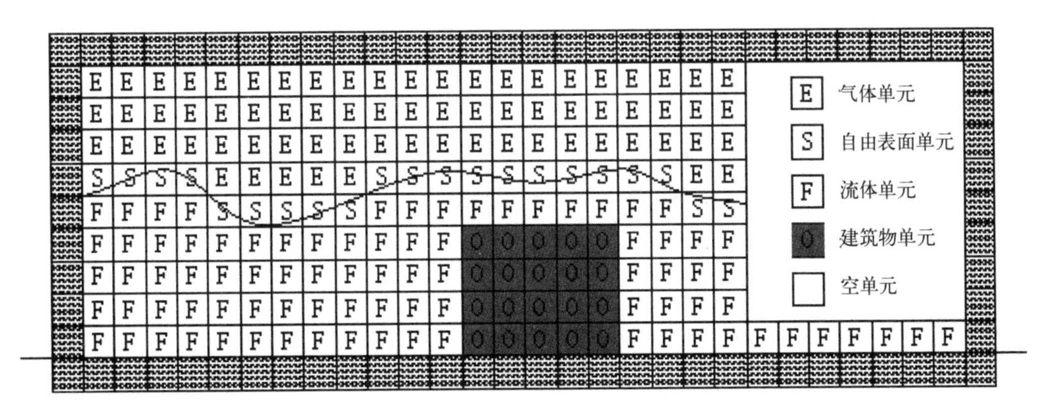

图4.2　网格划分示意

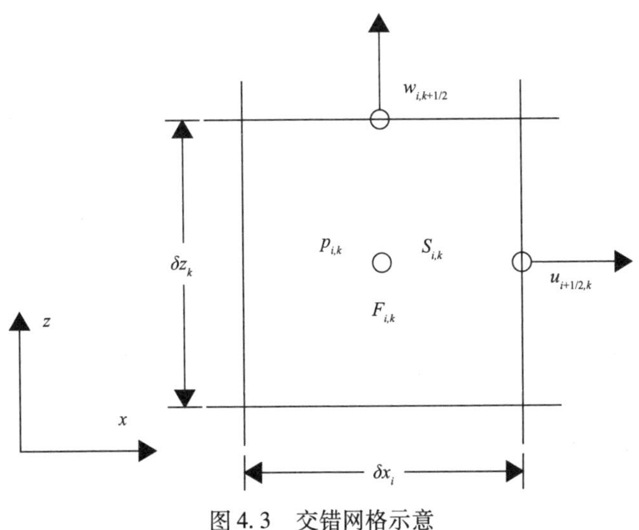

图4.3　交错网格示意

4.2.2 控制方程的离散求解

时间项采用向前差分格式；其他项采用空间中心差分和迎风格式。

4.2.2.1 连续方程的离散

$$\frac{(\gamma_x)_{i+1/2,k}u_{i+1/2,k}^{n+1}-(\gamma_x)_{i-1/2,k}u_{i-1/2,k}^{n+1}}{\delta x_i}+\frac{(\gamma_z)_{i,k+1/2}w_{i,k+1/2}^{n+1}-(\gamma_z)_{i,k-1/2}w_{i,k-1/2}^{n+1}}{\delta z_k}=S^{*}{}_{i,k}^{n+1} \tag{4.12}$$

4.2.2.2 运动方程的离散

$$\begin{aligned}&\frac{(\xi_v u)_{i+1/2,k}^{n+1}-(\xi_v u)_{i+1/2,k}^{n}}{\delta t}+\left(\xi_x u\frac{\partial u}{\partial x}\right)_{i+1/2,k}^{n}+\left(\xi_z w\frac{\partial u}{\partial x}\right)_{i+1/2,k}^{n}\\&=-\left(\gamma_v\frac{1}{\rho}\frac{\partial \rho}{\partial x}\right)_{i+1/2,k}^{n}-\left[\frac{1}{2\delta x}\rho C_D(1-\gamma_x)u\sqrt{u^2+w^2}\right]_{i+1/2,k}^{n}\\&\quad+\frac{1}{\rho}\left(\frac{\partial\gamma_x\tau_{xx}}{\partial x}+\frac{\partial\gamma_z\tau_{zx}}{\partial z}\right)_{i+1/2,k}^{n}-\frac{2\nu}{3}\left(\frac{\partial\gamma_x S^*}{\partial x}\right)_{i+1/2,k}^{n}\end{aligned} \tag{4.13}$$

$$\begin{aligned}&\frac{(\xi_v w)_{i,k+1/2}^{n+1}-(\xi_v w)_{i,k+1/2}^{n}}{\delta t}+\left(\xi_x u\frac{\partial w}{\partial x}\right)_{i,k+1/2}^{n}+\left(\xi_z w\frac{\partial w}{\partial z}\right)_{i,k+1/2}^{n}\\&=-(\gamma_v)_{i,k+1/2}g_z-\left(\gamma_v\frac{1}{\rho}\frac{\partial \rho}{\partial x}\right)_{i,k+1/2}^{n}-\left[\frac{1}{2\delta z}\rho C_D(1-\gamma_z)w\sqrt{u^2+w^2}\right]_{i,k+1/2}^{n}\\&\quad+\frac{1}{\rho}\left(\frac{\partial\gamma_x\tau_{xz}}{\partial x}+\frac{\partial\gamma_z\tau_{zz}}{\partial z}\right)_{i,k+1/2}^{n}-\frac{2\nu}{3}\left(\frac{\partial\gamma_z S^*}{\partial z}\right)_{i,k+1/2}^{n}-(\lambda w)_{i,k+1/2}^{n}\end{aligned} \tag{4.14}$$

(1)对流项

x 方向：

$$\left(\xi_x u\frac{\partial u}{\partial x}\right)_{i+1/2,k}=\frac{(\xi_x u)_{i+1/2,k}}{\delta x_i+\delta x_{i+1}}\left[\delta x_i\left(\frac{\partial u}{\partial x}\right)_{i+1,k}+\delta x_{i+1}\left(\frac{\partial u}{\partial x}\right)_{i,k}\right] \tag{4.15}$$

$$(\xi_z)_{i+1/2,k}=\frac{1}{2}\left[\frac{\delta x_i(\xi_z)_{i+1,k+1/2}+\delta x_{i+1}(\xi_z)_{i,k+1/2}}{\delta x_i+\delta x_{i+1}}+\frac{\delta x_i(\xi_z)_{i+1,k-1/2}+\delta x_{i+1}(\xi_z)_{i,k-1/2}}{\delta x_i+\delta x_{i+1}}\right] \tag{4.16}$$

$$w_{i+1/2,k}=\frac{1}{2}\left(\frac{\delta x_i w_{i+1,k+1/2}+\delta x_{i+1}w_{i,k+1/2}}{\delta x_i+\delta x_{i+1}}+\frac{\delta x_i w_{i+1,k-1/2}+\delta x_{i+1}w_{i,k-1/2}}{\delta x_i+\delta x_{i+1}}\right) \tag{4.17}$$

z 方向：

$$\left(\xi_z w\frac{\partial w}{\partial z}\right)_{i,k+1/2}=\frac{(\xi_z w)_{i,k+1/2}}{\delta z_k+\delta z_{k+1}}\left[\delta z_k\left(\frac{\partial w}{\partial z}\right)_{i,k+1}+\delta z_{k+1}\left(\frac{\partial w}{\partial z}\right)_{i,k}\right] \tag{4.18}$$

$$(\xi_x)_{i,k+1/2}=\frac{1}{2}\left[\frac{\delta z_k(\xi_x)_{i+1/2,k+1}+\delta z_{k+1}(\xi_x)_{i+1/2,k}}{\delta z_k+\delta z_{k+1}}+\frac{\delta z_k(\xi_x)_{i-1/2,k+1}+\delta z_{k+1}(\xi_x)_{i-1/2,k}}{\delta z_k+\delta z_{k+1}}\right] \tag{4.19}$$

$$u_{i,k+1/2} = \frac{1}{2}\left(\frac{\delta z_k u_{i+1/2,k+1} + \delta z_{k+1} u_{i+1/2,k}}{\delta x_i + \delta x_{i+1}} + \frac{\delta z_k u_{i-1/2,k+1} + \delta z_{k+1} u_{i-1/2,k}}{\delta z_k + \delta z_{k+1}}\right) \tag{4.20}$$

(2)压力项

x 方向：

$$(\gamma_v)_{i+1/2,k} = \frac{\delta x_{i+1}(\gamma_v)_{i,k} + \delta x_i(\gamma_v)_{i+1,k}}{\delta x_i + \delta x_{i+1}} \tag{4.21}$$

$$\left(\gamma_v \frac{1}{\rho}\frac{\partial p}{\partial x}\right)_{i+1/2,k} = (\gamma_v)_{i+1/2,k}\frac{2}{\rho}\left(\frac{p_{i+1,k} - p_{i,k}}{\delta x_i + \delta x_{i+1}}\right) \tag{4.22}$$

z 方向：

$$(\gamma_v)_{i,k+1/2} = \frac{\delta z_{k+1}(\gamma_v)_{i,k} + \delta z_k(\gamma_v)_{i,k+1}}{\delta z_k + \delta z_{k+1}} \tag{4.23}$$

$$\left(\gamma_v \frac{1}{\rho}\frac{\partial p}{\partial x}\right)_{i,k+1/2} = (\gamma_v)_{i,k+1/2}\frac{2}{\rho}\left(\frac{p_{i,k+1} - p_{i,k}}{\delta z_k + \delta z_{k+1}}\right) \tag{4.24}$$

(3)黏性项

x 方向：

$$\begin{aligned}\frac{1}{\rho}\left(\frac{\partial \gamma_z \tau_{zx}}{\partial z}\right)_{i+1/2,k} &= \nu\left[\gamma_z \frac{\partial}{\partial z}\left(\frac{\partial u}{\partial z} + \frac{\partial w}{\partial x}\right)\right]_{i+1/2,k} \\ &= \nu\frac{1}{\delta z_k}\left[\left(\gamma_z \frac{\partial u}{\partial z}\right)_{i+1/2,k+1/2} + \left(\gamma_z \frac{\partial w}{\partial x}\right)_{i+1/2,k+1/2} \right. \\ &\quad \left. - \left(\gamma_z \frac{\partial u}{\partial z}\right)_{i+1/2,k-1/2} - \left(\gamma_z \frac{\partial w}{\partial x}\right)_{i+1/2,k-1/2}\right]\end{aligned} \tag{4.25}$$

其中：

$$(\gamma_z)_{i+1/2,k+1/2} = \frac{1}{2}\left[(\gamma_z)_{i,k+1/2} + (\gamma_z)_{i+1,k+1/2}\right] \tag{4.26}$$

$$(\gamma_z)_{i+1/2,k-1/2} = \frac{1}{2}\left[(\gamma_z)_{i,k-1/2} + (\gamma_z)_{i+1,k-1/2}\right] \tag{4.27}$$

z 方向：

$$\begin{aligned}\frac{1}{\rho}\left(\frac{\partial \gamma_x \tau_{xz}}{\partial x}\right)_{i,k+1/2} &= \nu\left[\gamma_x \frac{\partial}{\partial x}\left(\frac{\partial u}{\partial z} + \frac{\partial w}{\partial x}\right)\right]_{i,k+1/2} \\ &= \nu\frac{1}{\delta x_i}\left[\left(\gamma_x \frac{\partial u}{\partial z}\right)_{i+1/2,k+1/2} + \left(\gamma_x \frac{\partial w}{\partial x}\right)_{i+1/2,k+1/2} \right. \\ &\quad \left. - \left(\gamma_x \frac{\partial u}{\partial z}\right)_{i+1/2,k-1/2} - \left(\gamma_x \frac{\partial w}{\partial x}\right)_{i+1/2,k-1/2}\right]\end{aligned} \tag{4.28}$$

其中：

$$(\gamma_x)_{i+1/2,k+1/2} = \frac{1}{2}\left[(\gamma_x)_{i+1/2,k} + (\gamma_x)_{i+1/2,k+1}\right] \tag{4.29}$$

$$(\gamma_x)_{i+1/2,k-1/2} = \frac{1}{2}\left[(\gamma_x)_{i+1/2,k} + (\gamma_x)_{i+1/2,k-1}\right] \tag{4.30}$$

(4)速度力项

x 方向：

$$\begin{aligned}&\left[\frac{1}{2\delta x}\rho C_D(1 - \gamma_x)u\sqrt{u^2 + w^2}\right]_{i+1/2,k} \\ &= \frac{\rho}{2\delta x_{i+1/2}}C_D\left[1 - (\gamma_x)_{i+1/2,k}\right]u_{i+1/2,k}\sqrt{u^2_{i+1/2,k} + w^2_{i+1/2,k}}\end{aligned} \tag{4.31}$$

z 方向：

$$\left[\frac{1}{2\delta z}\rho C_D(1-\gamma_z)w\sqrt{u^2+w^2}\right]_{i,k+1/2}$$

$$=\frac{\rho}{2\delta z_{k+1/2}}C_D[1-(\gamma_z)_{i,k+1/2}]w_{i,k+1/2}\sqrt{u_{i,k+1/2}^2+w_{i,k+1/2}^2} \tag{4.32}$$

(5)造波源项

x 方向：

$$\frac{2\nu}{3}\left(\frac{\partial\gamma_x S^*}{\partial x}\right)_{i+1/2,k}=\frac{2\nu}{3}\frac{(\gamma_x)_{i+1,k}S^{*n}_{i+1,k}-(\gamma_x)_{i,k}S^{*n}_{i,k}}{\delta x_{i+1/2}} \tag{4.33}$$

z 方向：

$$\frac{2\nu}{3}\left(\frac{\partial\gamma_z S^*}{\partial x}\right)_{i,k+1/2}=\frac{2\nu}{3}\frac{(\gamma_z)_{i,k+1}S^{*n}_{i,k+1}-(\gamma_z)_{i,k}S^{*n}_{i,k}}{\delta z_{k+1/2}}-(\lambda\omega)^n_{i,k+1/2} \tag{4.34}$$

将上述各方向的离散项代入式(4.1)和式(4.2)，得到如下方程：

$$u^{n+1}_{i+1/2,k}=u^n_{i+1/2,k}+\frac{\delta t}{(\xi_v)_{i+1/2,k}}[PREX^n-ADUX^n-ADUZ^n+VISX^n+SWX^n] \tag{4.35}$$

$$w^{n+1}_{i,k+1/2}=w^n_{i,k+1/2}+\frac{\delta t}{(\xi_v)_{i,k+1/2}}[-g_z-PREZ^n-ADWX^n-ADWZ^n+VISZ^n+SWZ^n] \tag{4.36}$$

式中：$PREX$，$PREZ$ 项分别为 x 和 z 方向的压力项；$ADUX$，$ADUZ$，$ADWX$ 和 $ADWZ$ 项为对流项；$VISX$，$VISZ$ 项分别为 x 和 z 方向的黏性项；SWX，SWZ 项分别为 x 和 z 方向的造波源项。

$$PREX^n=(\gamma_v)_{i+1/2,k}\frac{1}{\rho}\left(\frac{p_{i+1,k}-p_{i,k}}{\delta x_{i+1/2}}\right) \tag{4.37}$$

$$\begin{aligned}ADUX^n=(\xi_x)_{i+1/2,k}\frac{u_{i+1/2,k}}{\delta x_{\alpha1}}\Big\{&\delta x_i\left(\frac{\partial u}{\partial x}\right)_{i+1,k}+\delta x_{i+1}\left(\frac{\partial u}{\partial x}\right)_{i,k}\\&+\alpha\mathrm{sgn}(u_{i+1/2,k})\left[\delta x_{i+1}\left(\frac{\partial u}{\partial x}\right)_{i,k}-\delta x_i\left(\frac{\partial u}{\partial x}\right)_{i+1,k}\right]\Big\}\end{aligned} \tag{4.38}$$

$$\begin{aligned}ADUZ^n=(\xi_z)_{i+1/2,k}\frac{w_{i+1/2,k}}{\delta z_{\alpha1}}\Big\{&\delta z_{k-1/2}\left(\frac{\partial u}{\partial z}\right)_{i+1/2,k+1/2}+\delta z_{k+1/2}\left(\frac{\partial u}{\partial z}\right)_{i+1/2,k-1/2}\\&+\alpha\mathrm{sgn}(w_{i+1/2,k})\left[\delta z_{k+1/2}\left(\frac{\partial u}{\partial z}\right)_{i+1/2,k-1/2}-\delta z_{k-1/2}\left(\frac{\partial u}{\partial x}\right)_{i+1/2,k+1/2}\right]\Big\}\end{aligned} \tag{4.39}$$

$$\begin{aligned}VISX^n=2\nu\Big\{&\frac{1}{\delta x_{i+1/2}}\left[(\gamma_x)_{i+1,k}\left(\frac{\partial u}{\partial x}\right)_{i+1,k}-(\gamma_x)_{i,k}\left(\frac{\partial u}{\partial x}\right)_{i,k}\right]\Big\}\\&+\nu\frac{1}{\delta z_k}\cdot\left[\left(\gamma_z\frac{\partial u}{\partial z}\right)_{i+1/2,k+1/2}+\left(\gamma_z\frac{\partial w}{\partial x}\right)_{i+1/2,k+1/2}\right.\\&\left.-\left(\gamma_z\frac{\partial u}{\partial z}\right)_{i+1/2,k-1/2}-\left(\gamma_z\frac{\partial w}{\partial x}\right)_{i+1/2,k-1/2}\right]\end{aligned} \tag{4.40}$$

$$SWX^n = \frac{2\nu}{3}\frac{(\gamma_x)_{i+1,k}S^{*n}_{i+1,k} - (\gamma_x)_{i,k}S^{*n}_{i,k}}{\delta x_{i+1/2}} \tag{4.41}$$

$$PREZ^n = (\gamma_v)_{i,k+1/2}\frac{1}{\rho}\left(\frac{p_{i,k+1} - p_{i,k}}{\delta z_{k+1/2}}\right) \tag{4.42}$$

$$\begin{aligned} ADWX^n = (\xi_x)_{i,k+1/2}\frac{u_{i,k+1/2}}{\delta x_{\alpha 2}}\Bigg\{&\delta x_{i-1/2}\left(\frac{\partial w}{\partial x}\right)_{i+1/2,k+1/2} + \delta x_{i+1/2}\left(\frac{\partial w}{\partial x}\right)_{i-1/2,k+1/2} \\ &+ \alpha \mathrm{sgn}(u_{i,k+1/2})\left[\delta x_{i+1/2}\left(\frac{\partial w}{\partial x}\right)_{i-1/2,k+1/2} - \delta x_{i+1/2,k+1/2}\left(\frac{\partial w}{\partial z}\right)_{i,k+1}\right]\Bigg\} \end{aligned} \tag{4.43}$$

$$\begin{aligned} ADWZ^n = (\xi_z)_{i,k+1/2}\frac{w_{i,k+1/2}}{\delta z_{\alpha 2}}\Bigg\{&\delta z_k\left(\frac{\partial w}{\partial z}\right)_{i,k+1} + \delta z_{k+1}\left(\frac{\partial w}{\partial z}\right)_{i,k} \\ &+ \alpha \mathrm{sgn}(w_{i,k+1/2})\left[\delta z_{k+1}\left(\frac{\partial w}{\partial z}\right)_{i,k} - \delta z_k\left(\frac{\partial w}{\partial z}\right)_{i,k+1}\right]\Bigg\} \end{aligned} \tag{4.44}$$

$$\begin{aligned} VISZ^n = 2\nu&\left\{\frac{1}{\delta z_{k+1/2}}\left[(\gamma_z)_{i,k+1}\left(\frac{\partial w}{\partial z}\right)_{i,k+1} - (\gamma_z)_{i,k}\left(\frac{\partial w}{\partial z}\right)_{i,k}\right]\right\} \\ &+ \nu\frac{1}{\delta x_i}\Bigg\{\left(\gamma_x\frac{\partial u}{\partial z}\right)_{i+1/2,k+1/2} + \left(\gamma_x\frac{\partial w}{\partial x}\right)_{i+1/2,k+1/2} \\ &- \left(\gamma_x\frac{\partial u}{\partial z}\right)_{i+1/2,k-1/2} - \left(\gamma_x\frac{\partial w}{\partial x}\right)_{i+1/2,k-1/2}\Bigg\} \end{aligned} \tag{4.45}$$

$$SWZ^n = \frac{2\nu}{3}\frac{(\gamma_z)_{i,k+1}S^{*n}_{i,k+1} - (\gamma_z)_{i,k}S^{*n}_{i,k}}{\delta z_{k+1/2}} - (\lambda w)^n_{i,k+1/2} \tag{4.46}$$

4.2.3　自由表面追踪

本书使用 VOF 方法来追踪自由表面，其实质是使用网格单元被流体填充的体积比例函数 F 来完成这项功能的。每个单元上的流体体积函数实际上为

$$F = \frac{\text{单元上的流体体积}}{\text{单元体积}}$$

F 函数的控制方程(4.4)差分形式为

$$\begin{aligned} F^{n+1}_{i,k} = F^n_{i,k} - \frac{\delta t}{(\gamma_v)_{i,k}}\Bigg\{&\frac{1}{\delta x_i}\left[(\gamma_x)_{i+1/2,k}u^{n+1}_{i+1/2,k}F_{i+1/2,k} - (\gamma_x)_{i-1/2,k}u^{n+1}_{i-1/2,k}F_{i-1/2,k}\right] \\ &+ \frac{1}{\delta z_k}\left[(\gamma_z)_{i,k+1/2}w^{n+1}_{i,k+1/2}F_{i,k+1/2} - (\gamma_z)_{i,k-1/2}w^{n+1}_{i,k-1/2}F_{i,k-1/2}\right] - F^n_{i,k}S^{*n+1}_{i,k}\Bigg\} \end{aligned} \tag{4.47}$$

输运过程中 F 必须满足三方面的要求：①必须真实地输运自由表面；②避免负扩散引起的截断误差；③通过网格界面输运的流体或孔隙的体积不能大于该网格所拥有的体积。

为了满足这三方面的要求，采用普通“施主—受主”(Donor—Accepter)单元模型。“施主—受主”法是计算一个单元网格内的流体流量变化的一种方法。其特点是：①必须考虑到流体体积函数的不连续性(阶梯函数)；②必须对任何两个相邻的自由表面单

元判断施主(即给出流体的单元)与受主(即接受流体的单元)的关系;③必须监控施主与受主单元的流体体积函数值，以避免施主单元传递过多的流体或空值给受主单元。

对于单元的每一条边界的相邻两个单元，在施主—受主的对流方法中，根据边上物理量的流向情况，把这两个单元分别叫做施主元和受主元，施主元是物理量从这条边上流出的单元，受主元是物理量从这条边上流进的单元。它们分别被标记为D(Donor)和A(Acceptor)。从流向上来看，D单元总是在上游，A单元总是在下游。这种标记是对于一条边界而言的，每一个单元有四条边，相对于同一单元内不同的边来说，该单元有可能被定义为不同的元。施主单元上游的相邻单元标记为DMW，如图4.4所示。

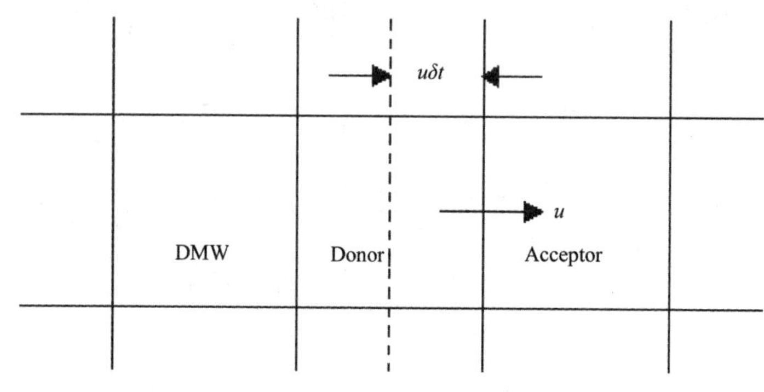

图4.4　F流量示意

引入单元类型函数 NF 来表示具有自由表面单元体的自由表面方向。

$NF=0$：流体单元，其周围没有任何空的单元。

$NF=1$：自由表面单元，表面方向大致与 x 轴方向平行，插值网格在左边。

$NF=2$：自由表面单元，表面方向大致与 y 轴方向平行，插值网格在右边。

$NF=3$：自由表面单元，表面方向大致与 x 轴方向平行，插值网格在下边。

$NF=4$：自由表面单元，表面方向大致与 y 轴方向平行，插值网格在上边。

$NF=5$：孤立单元，含有流体，但其周围所有单元均为空单元。

$NF=6$：空单元，不含流体。

以图4.4为例来说明单元某条边上的流量，可把单元右边上的时间 δt 内的 x 方向的流量写为

$$F_{AD}(\gamma_x)_{i+1/2,k}u_{i+1/2,k}^{n+1}\delta t$$
$$= \mathrm{sgn}[(\gamma_x)_{i+1/2,k}u_{i+1/2,k}^{n+1}][F_{AD}|(\gamma_x)_{i+1/2,k}u_{i+1/2,k}\delta t| + CF, F_D\delta x_D(\gamma_v)_D]_{\min} \quad (4.48)$$

$$CF = [(F_{DM}-F_{AD})|(\gamma_x)_{i+1/2,k}u_{i+1/2,k}^{n+1}\delta t| - (F_{DM}-F_D)\delta x_D(\gamma_v)_D, 0.0]_{\max} \quad (4.49)$$

其中：F_A 取为受主单元上的 F 值，F_D 取为施主单元上的 F 值，F_{AD} 的值视具体情况取为 F_D 或 F_A。当施主单元D不在自由水面上时，$F_{AD}=F_A$；当施主单元D在自由水面上时，$F_{AD}=F_D$。在上式中，最小值运算是为了保证通过单元右边上的流量不超过D单元内的流体体积；最大值运算是为了保证通过边上的空体积的流量不超过D单元内的空体积。

当每个单元四条边上的 F_{AD} 都确定后，代入式(4.47)中，即可求出新时刻的 F 值。

4.2.4　计算流程

计算流程如下图所示。

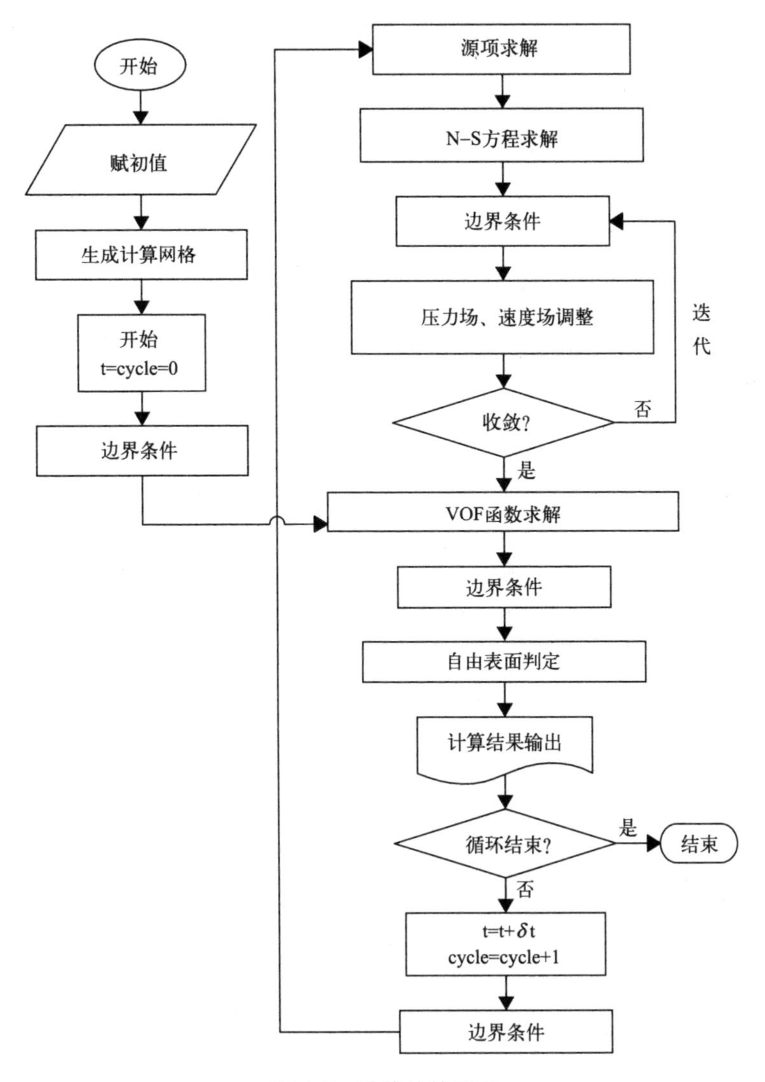

图 4.5　数值计算流程

4.3　数值波浪水槽的验证

本章首先验证数值造波机边界条件的有效性及数值波源造波与理论波形的一致性。图 4.6 为波浪数值水槽布置示意图，1 号、2 号、3 号、4 号波高仪分别布置在 $x=1.0L$，$x=2.0L$，$x=3.0L$，$x=4.0L$ 处。当入射波高为 $H=6$cm、周期 $T=1.2$s、水深 $d=40$cm 时，各波高仪处波面变化如图 4.7 所示，可见波浪在到达各点三个周期后波

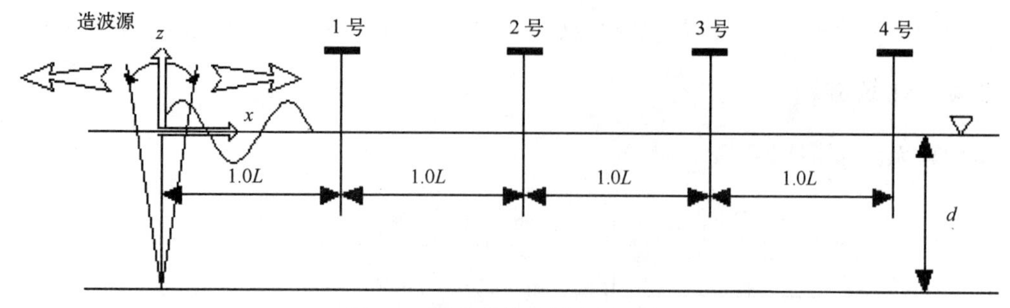

图 4.6　波浪数值水槽布置示意

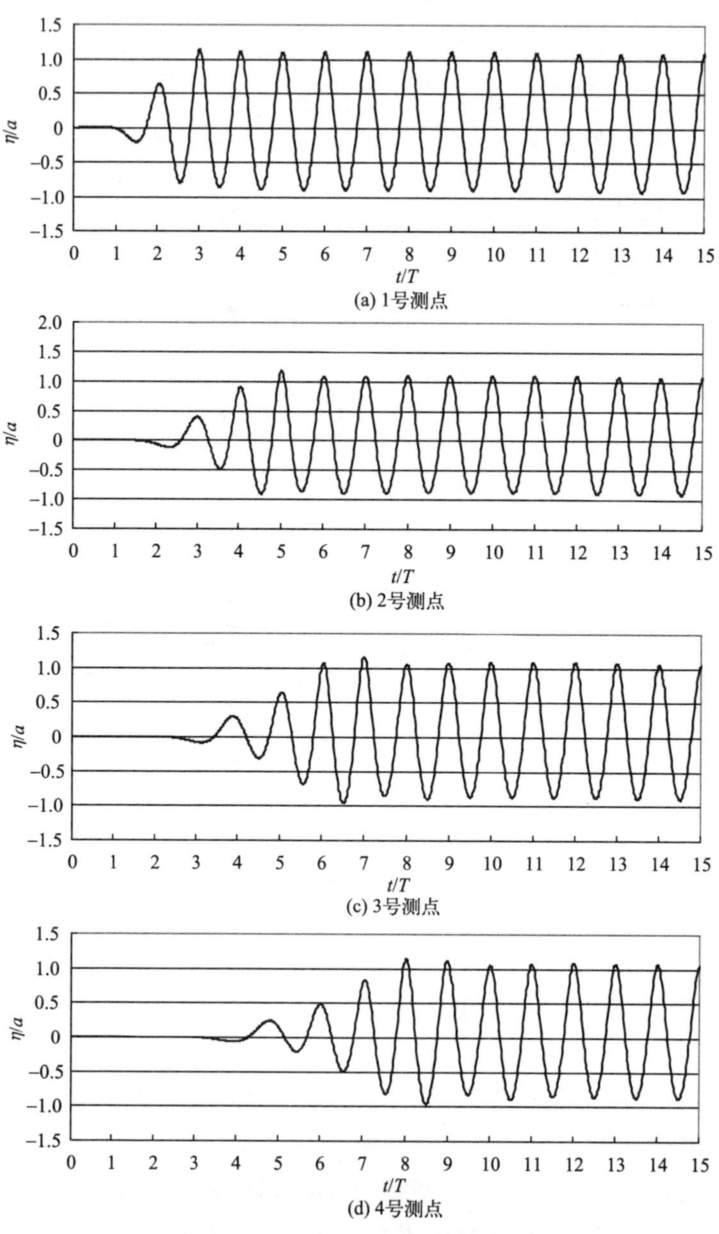

图 4.7　各测点波面历时曲线

形达到稳定。图4.8为不同时刻包括附加衰减区域在内整个区域的波面传播情况，波浪在到达海绵层后迅速衰减。

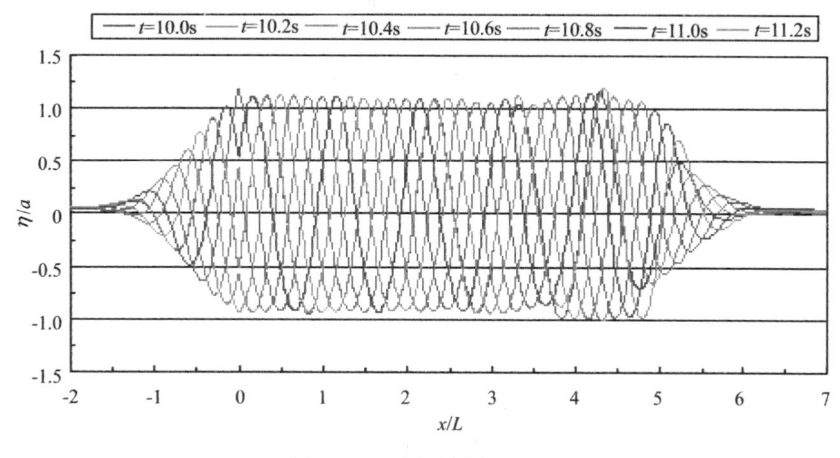

图4.8　不同时刻波面变化

为验证波源造波的准确性，在无建筑物的情况下，对数值波面与线性波、三阶Stokes波的理论解进行了比较，如图4.9所示。由图可知，本次试验采用的数值波面和三阶Stokes波基本一致。

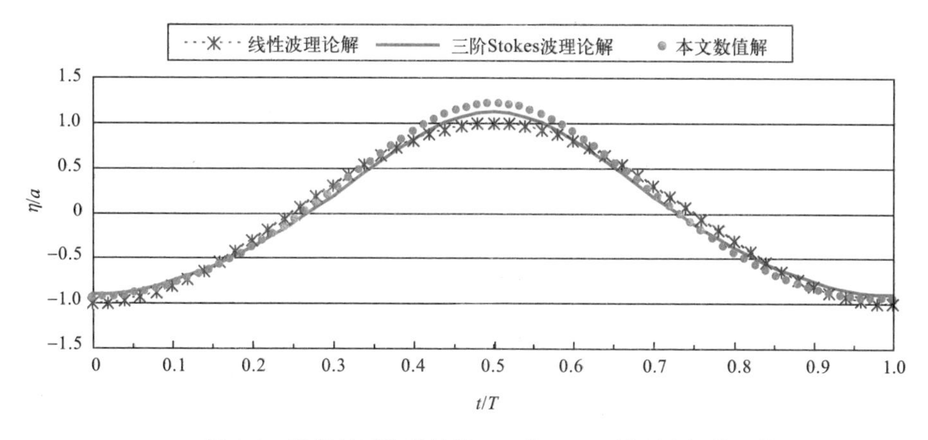

图4.9　数值波面与线性波、三阶Stokes波理论解的比较

当波浪遇到障碍物时，二次反射波的作用使数值模型难以得到稳定的波动场的解。为验证入射边界条件的有效性，对波浪与直墙相互作用进行了数值模拟，图4.10和图4.11分别为水深$d=20\text{cm}$、周期$T=1.5\text{s}$、波高$H=7.85\text{cm}$的条件下不同时刻直墙前的波浪速度场矢量图和波面图。由图可知，采用上述数值方法可在直墙前得到合理的波面形状，并能够得到稳定的波形。

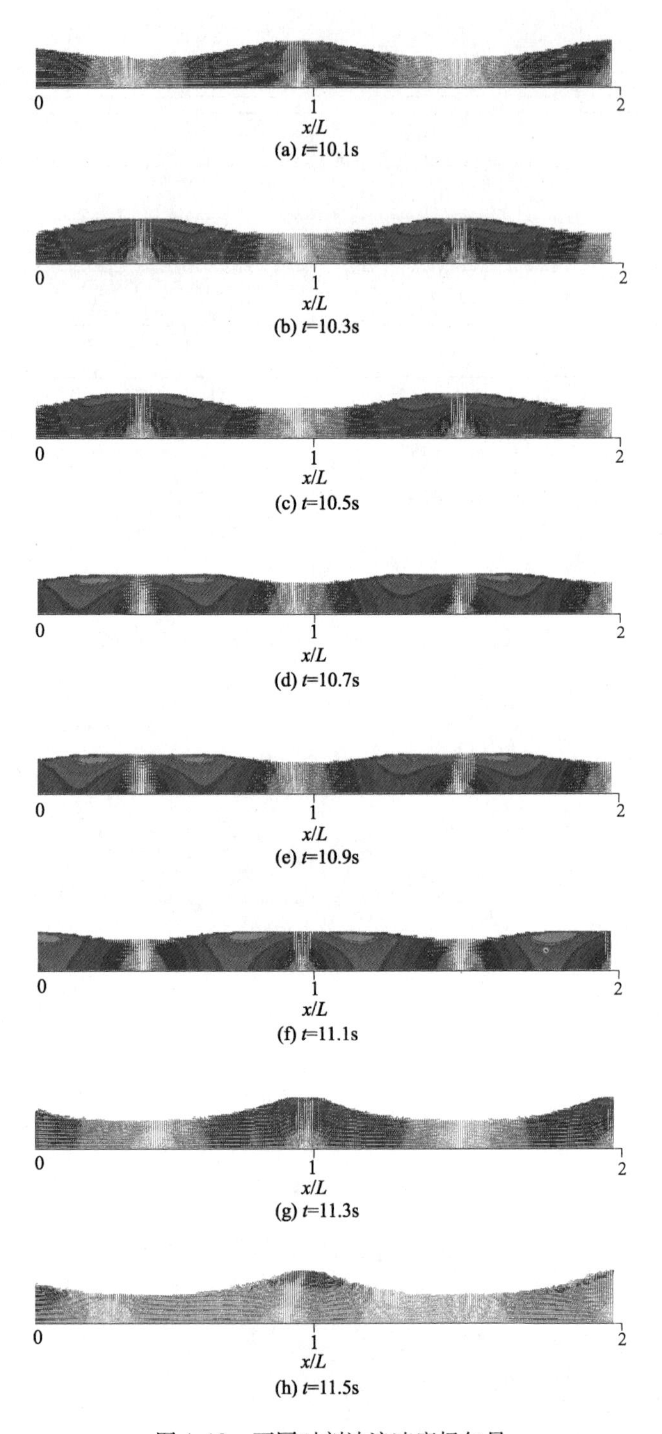

图 4.10　不同时刻波浪速度场矢量

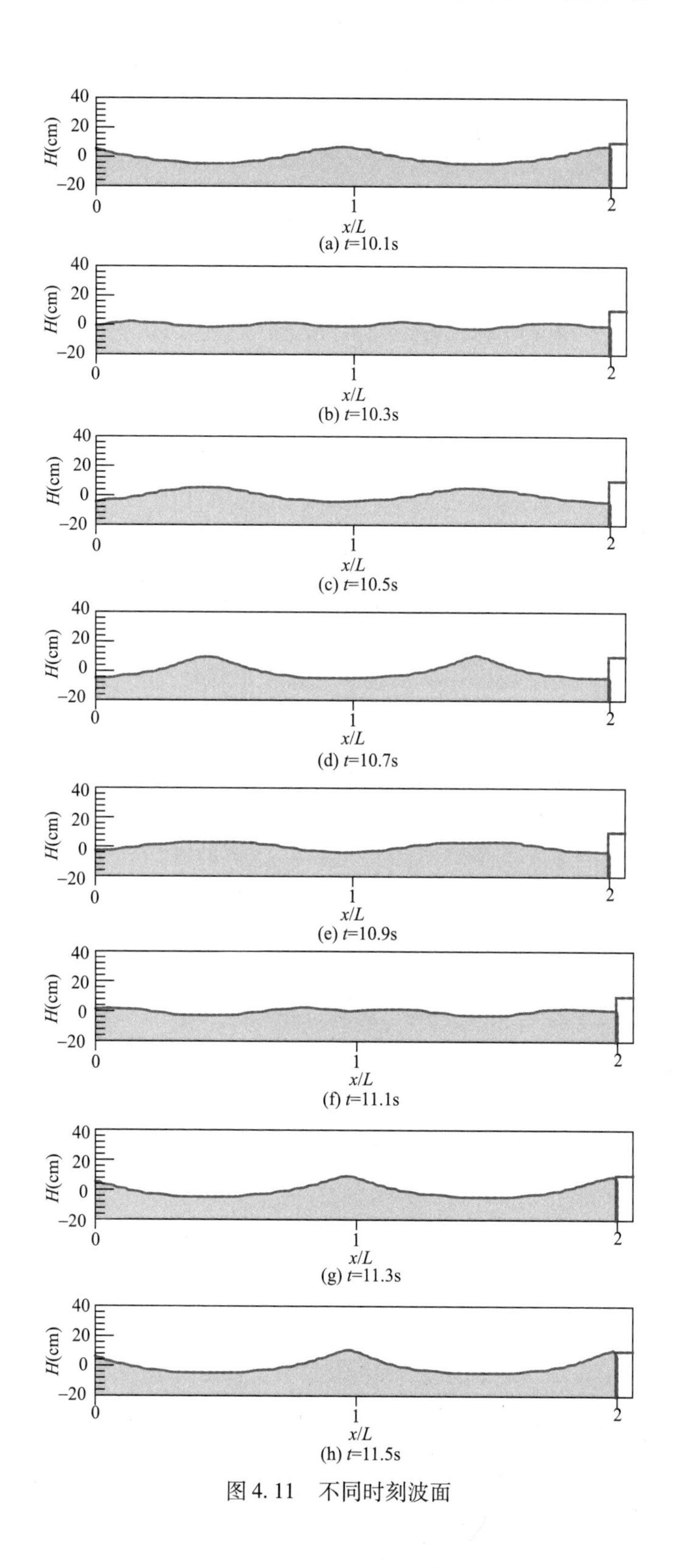
40
20
0
−20
H(cm)
0
1
2
x/L
(a) t=10.1s
(b) t=10.3s
(c) t=10.5s
(d) t=10.7s
(e) t=10.9s
(f) t=11.1s
(g) t=11.3s
(h) t=11.5s

图4.11　不同时刻波面

4.4 计算结果分析

本节对三阶 Stokes 波作用下波浪与可渗透斜坡堤相互作用进行数值计算，计算域如图 4.12 所示。波浪数值水槽的总长为 20m，可渗透斜坡堤的高度为 30cm，堤顶宽度为 10cm，坡度为 1∶1.5，孔隙率为 0.35，堤体视为各向同性的均匀介质。波高采样点沿水槽长度方向布置，如图 4.12 中 1 号、2 号、3 号、4 号各点。整个计算域划分为 1000×80 个矩形网格，全部为均匀网格，其中 x 方向步长 $\Delta x=2.0\text{cm}$，z 方向步长 $\Delta z=1.0\text{cm}$，总计算时间为 24s。

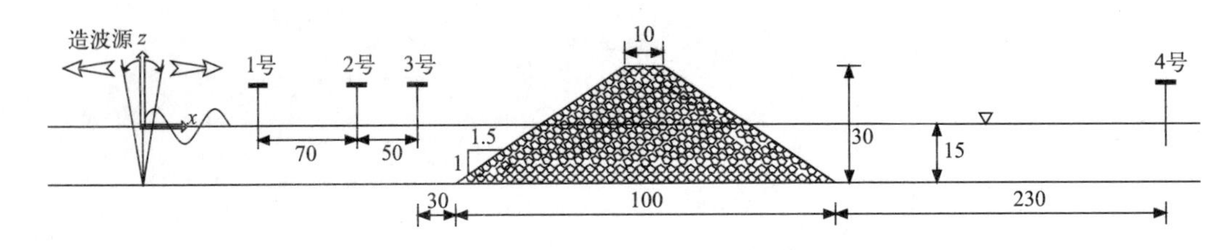

图 4.12　数值计算域示意(单位：cm)

4.4.1 各采样点波高历时曲线

图 4.13 和图 4.14 分别给出了水深 $d=15\text{cm}$、周期 $T=1.5\text{s}$、波高 $H=5\text{cm}$ 和 $H=3\text{cm}$ 条件下，各采样点 10s 至 24s 波高历时曲线。由图可知，波浪在斜坡堤前发生反射，波高增大；在经过斜坡堤后，波浪产生衰减，波高减小。

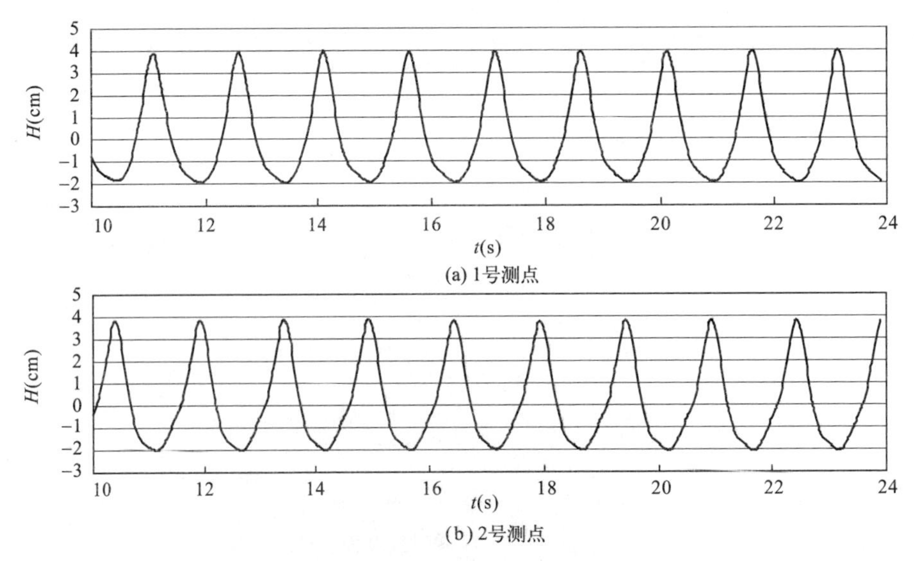

图 4.13　各采样点处波高历时曲线($H=5\text{cm}$)(一)

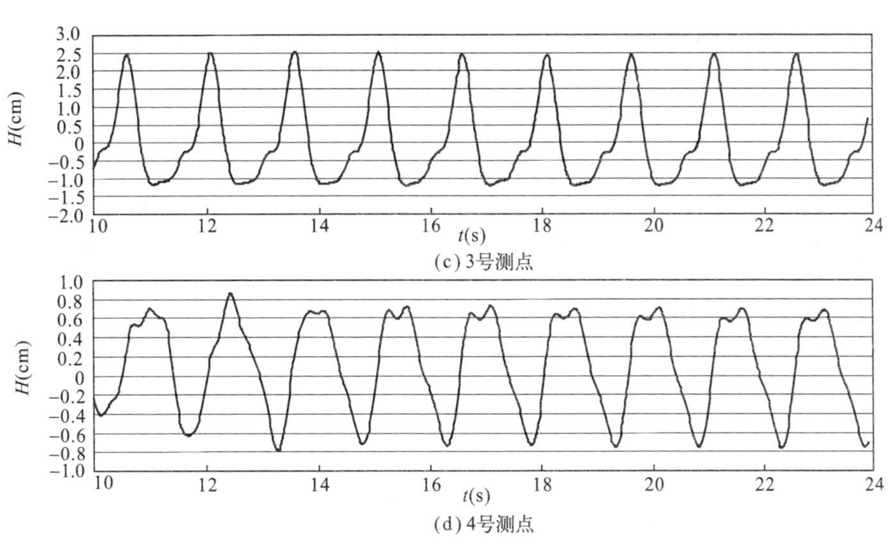

图 4.13　各采样点处波高历时曲线（$H=5\text{cm}$）（二）

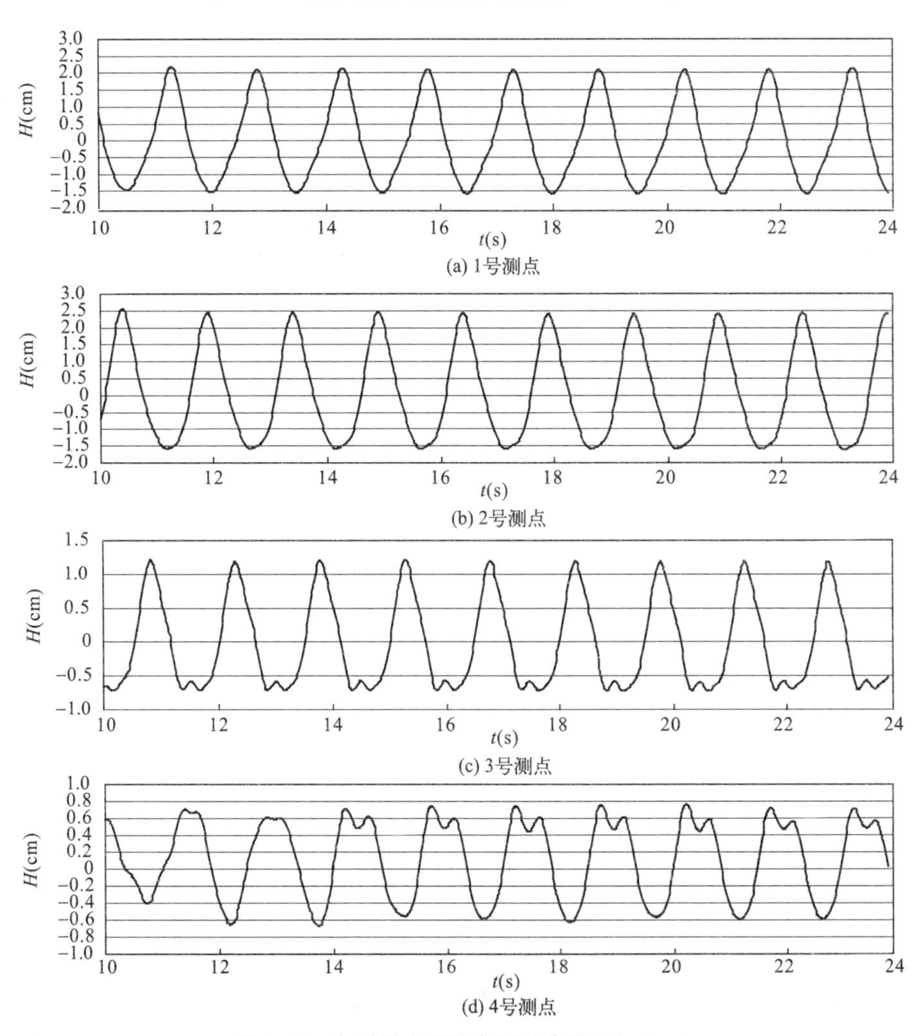

图 4.14　各采样点处波高历时曲线（$H=3\text{cm}$）

4.4.2 不同时刻波浪速度场及其波面变化情况

图 4. 15 至图 4. 18 分别给出了水深 $d=15$cm、周期 $T=1.5$s、波高 $H=5$cm 和 $H=3$cm 的条件下，一个周期内波浪与可渗透斜坡堤相互作用下的速度场矢量图及波面图。

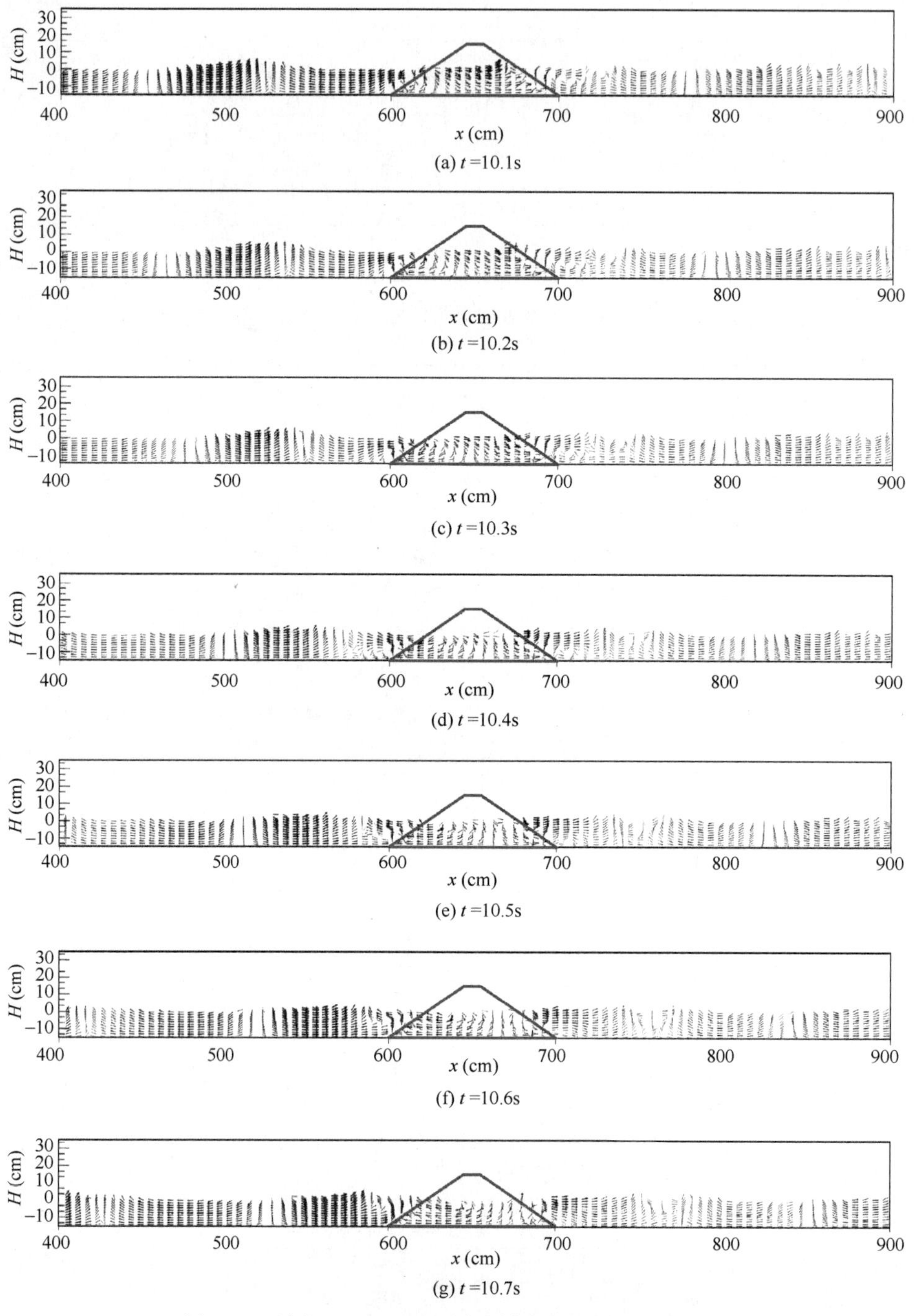

图 4. 15　波高 $H=5$cm 时不同时刻波浪速度场矢量(一)

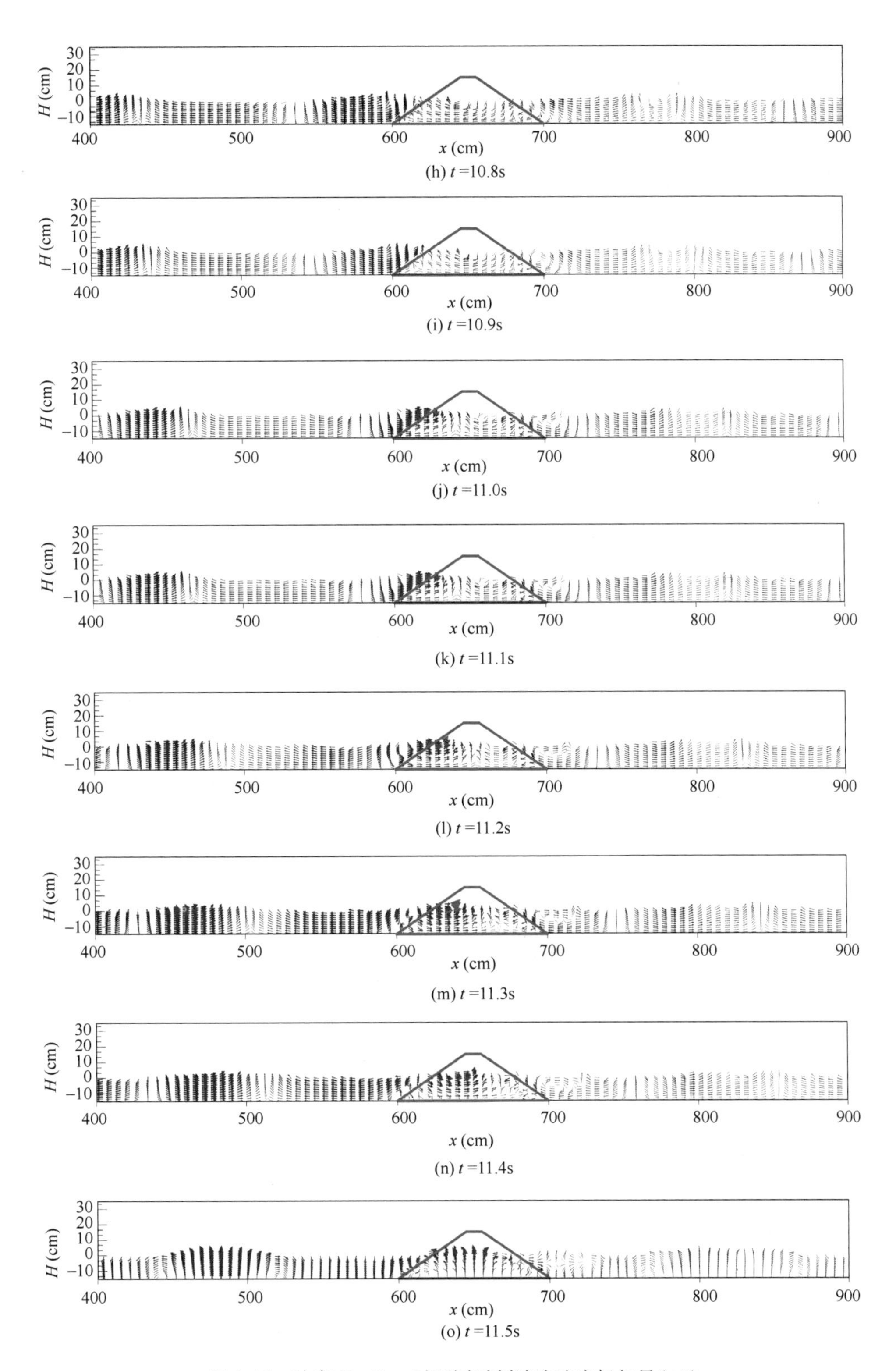

(h) t =10.8s

(i) t =10.9s

(j) t =11.0s

(k) t =11.1s

(l) t =11.2s

(m) t =11.3s

(n) t =11.4s

(o) t =11.5s

图 4.15　波高 $H=5$cm 时不同时刻波浪速度场矢量(二)

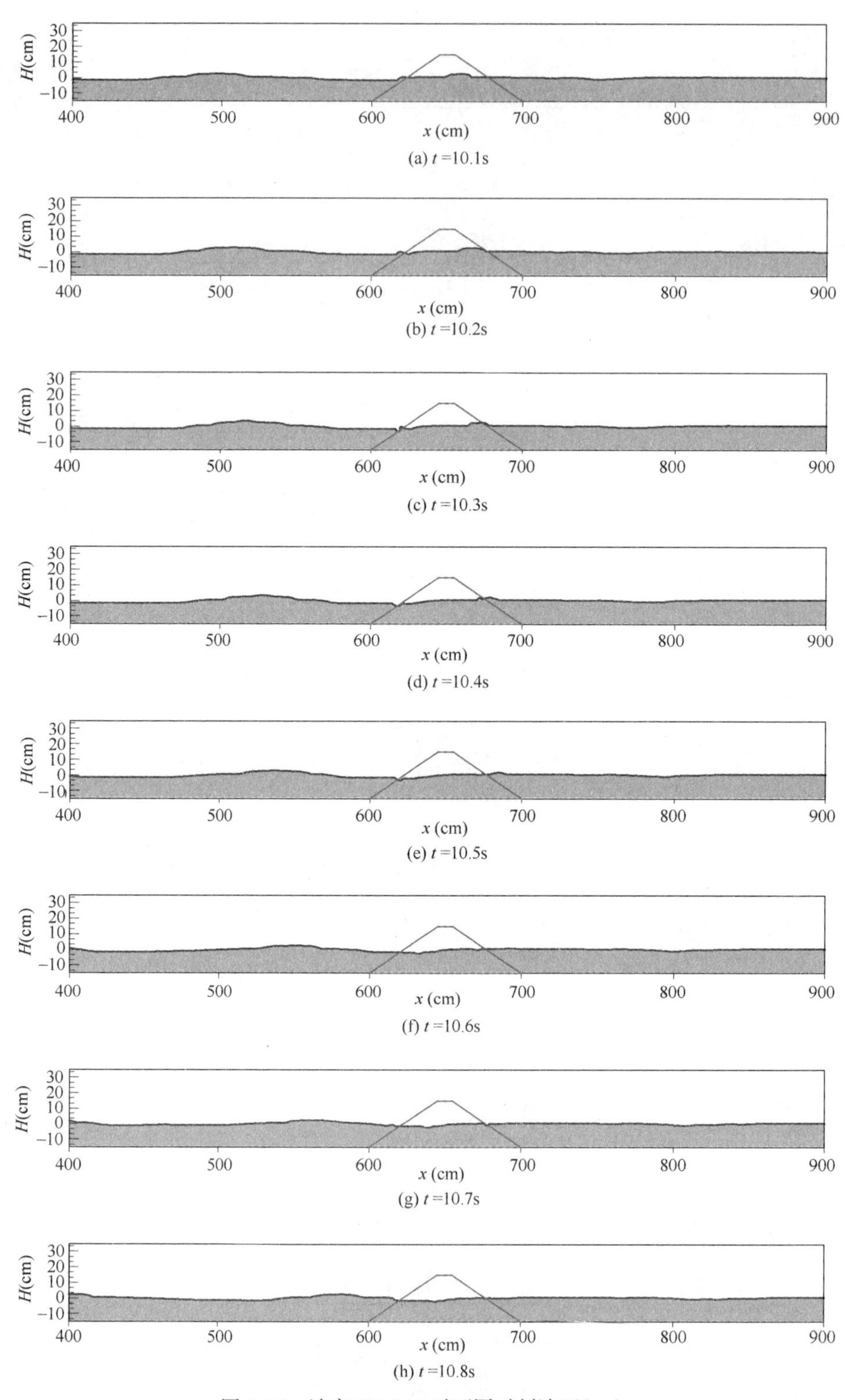

(a) t=10.1s

(b) t=10.2s

(c) t=10.3s

(d) t=10.4s

(e) t=10.5s

(f) t=10.6s

(g) t=10.7s

(h) t=10.8s

图 4.16　波高 H=5cm 时不同时刻波面(一)

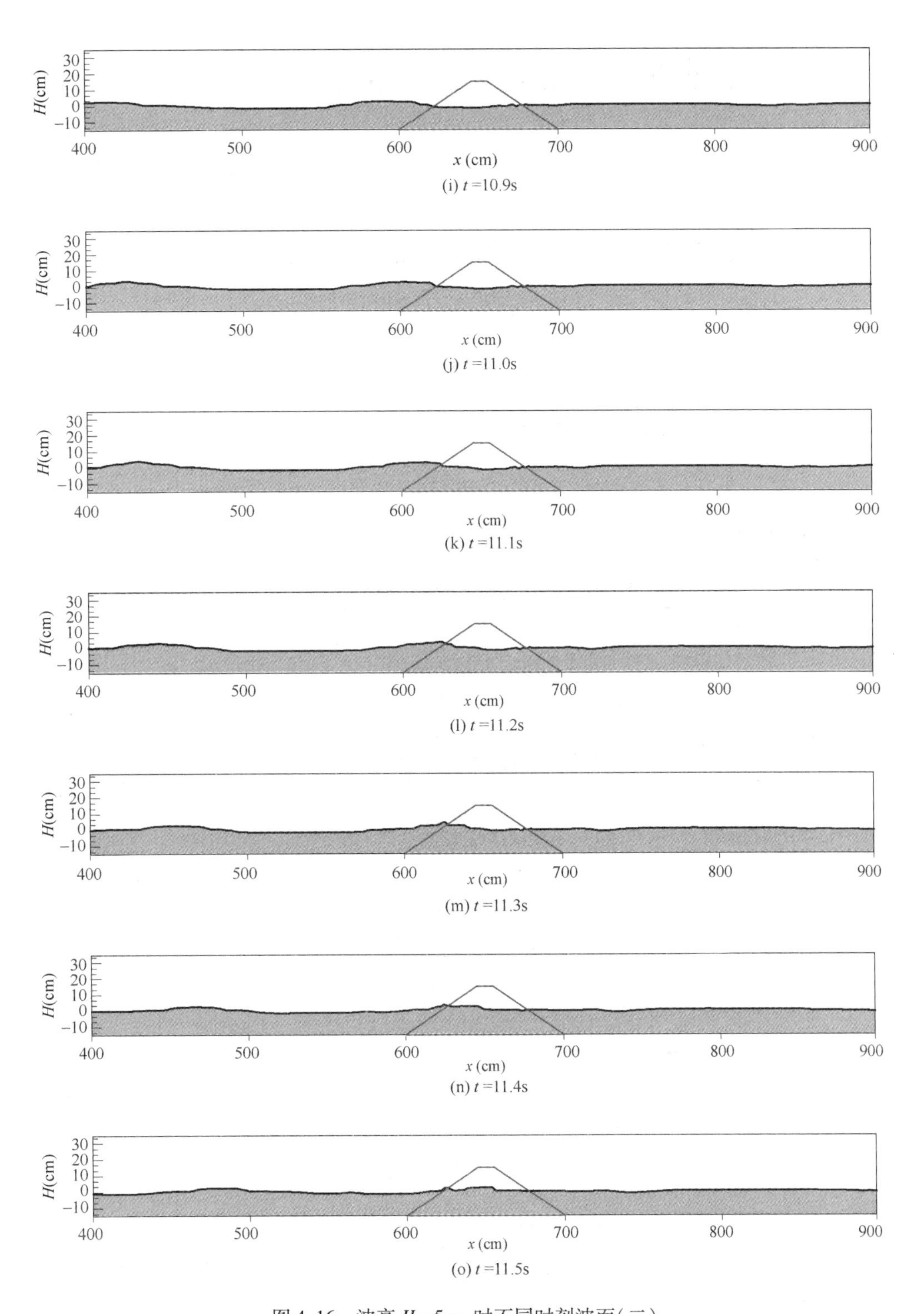

图4.16 波高 $H=5\mathrm{cm}$ 时不同时刻波面(二)

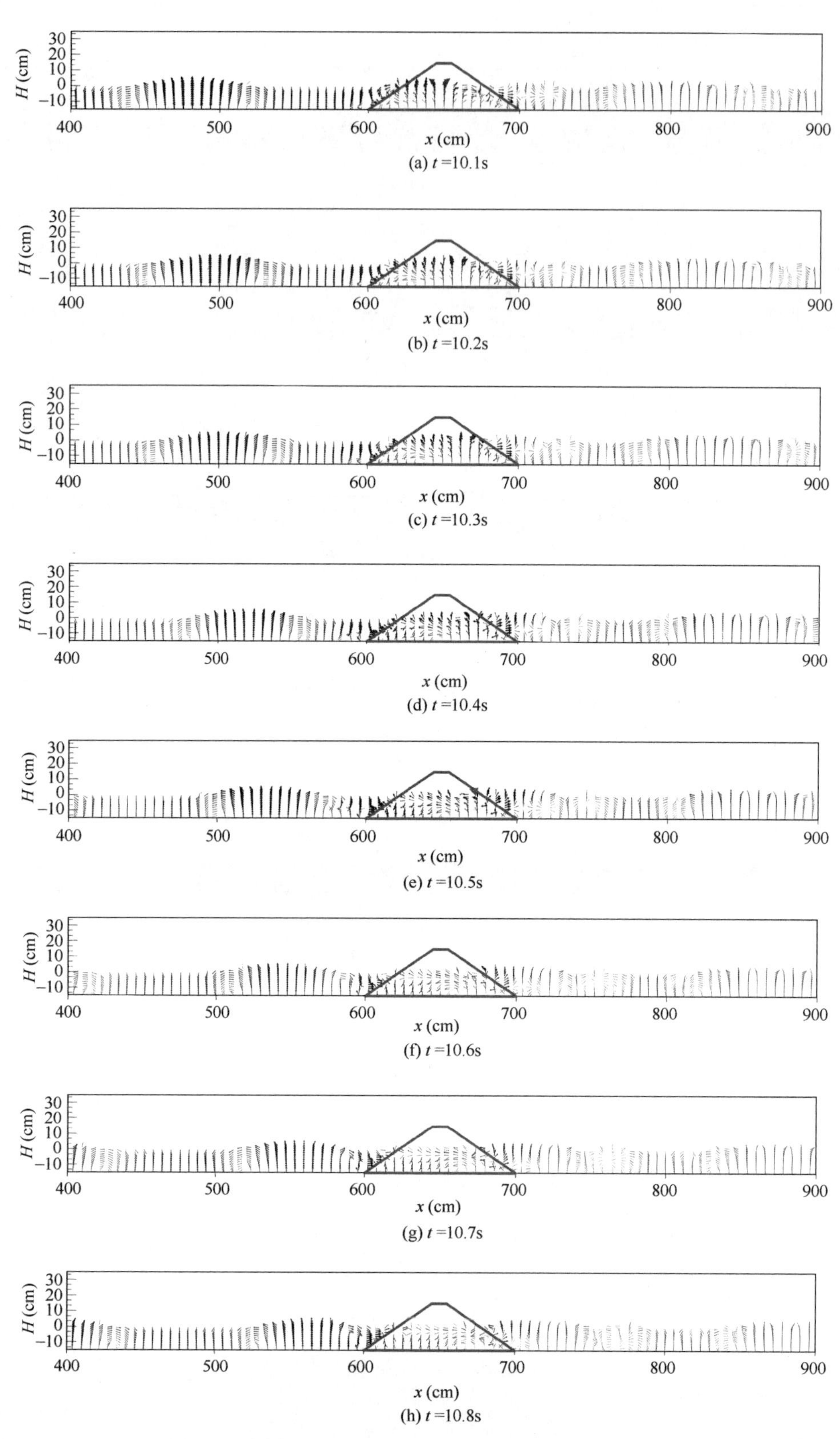

(a) t=10.1s

(b) t=10.2s

(c) t=10.3s

(d) t=10.4s

(e) t=10.5s

(f) t=10.6s

(g) t=10.7s

(h) t=10.8s

图 4.17　波高 $H=3$cm 时不同时刻波浪速度场矢量(一)

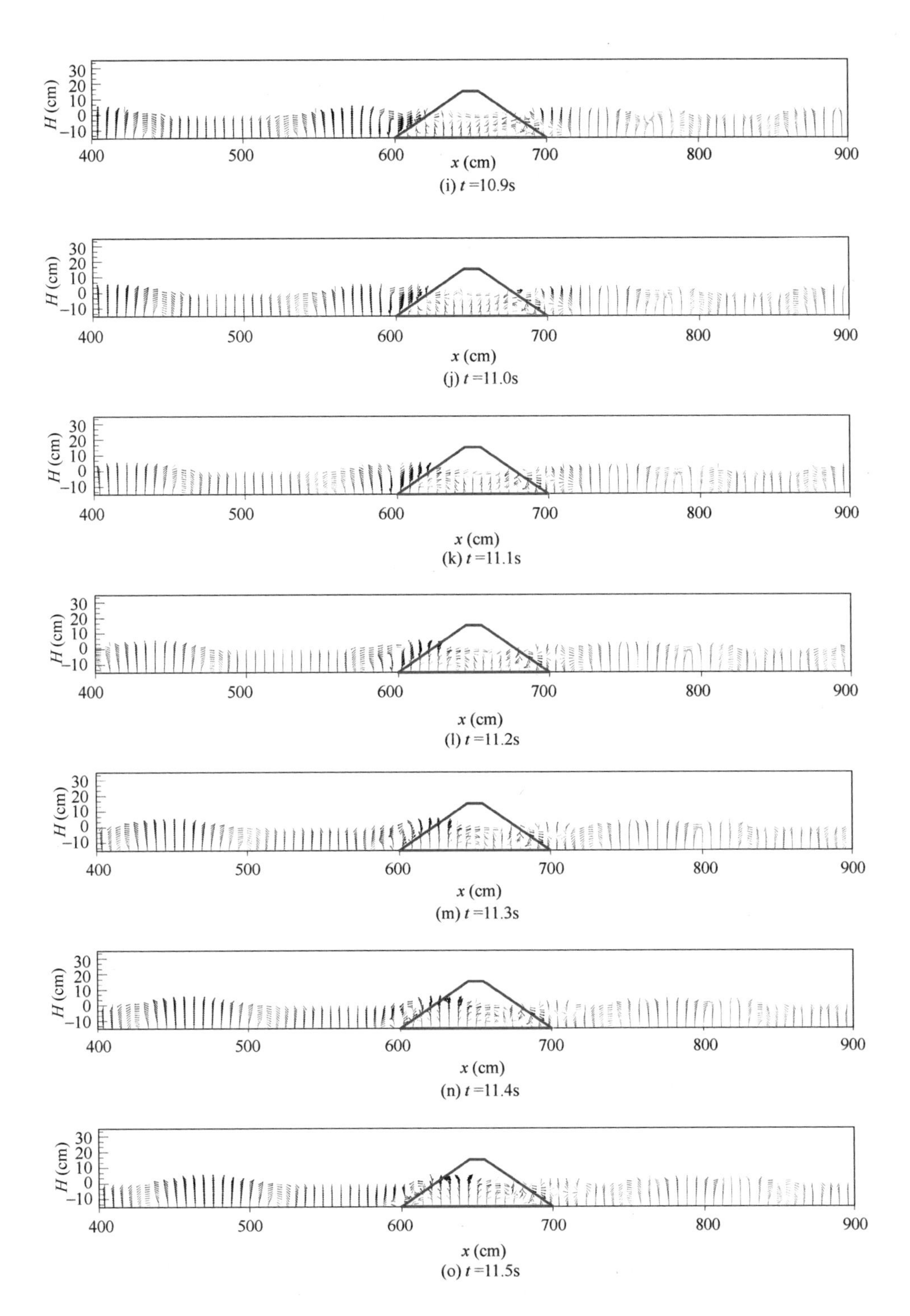

图4.17　波高 $H=3$cm 时不同时刻波浪速度场矢量(二)

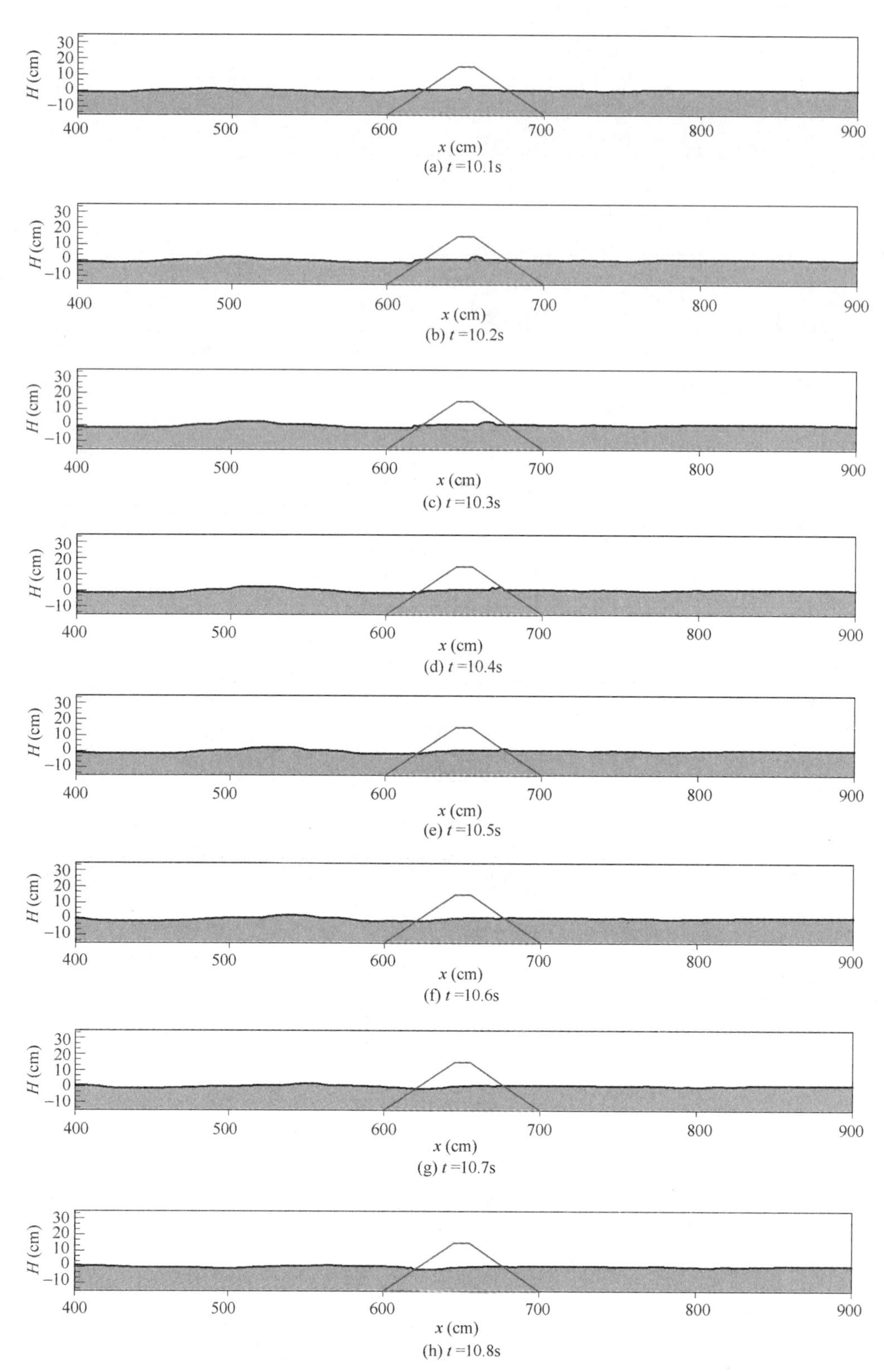

图 4.18 波高 $H=3\mathrm{cm}$ 时不同时刻波面(一)

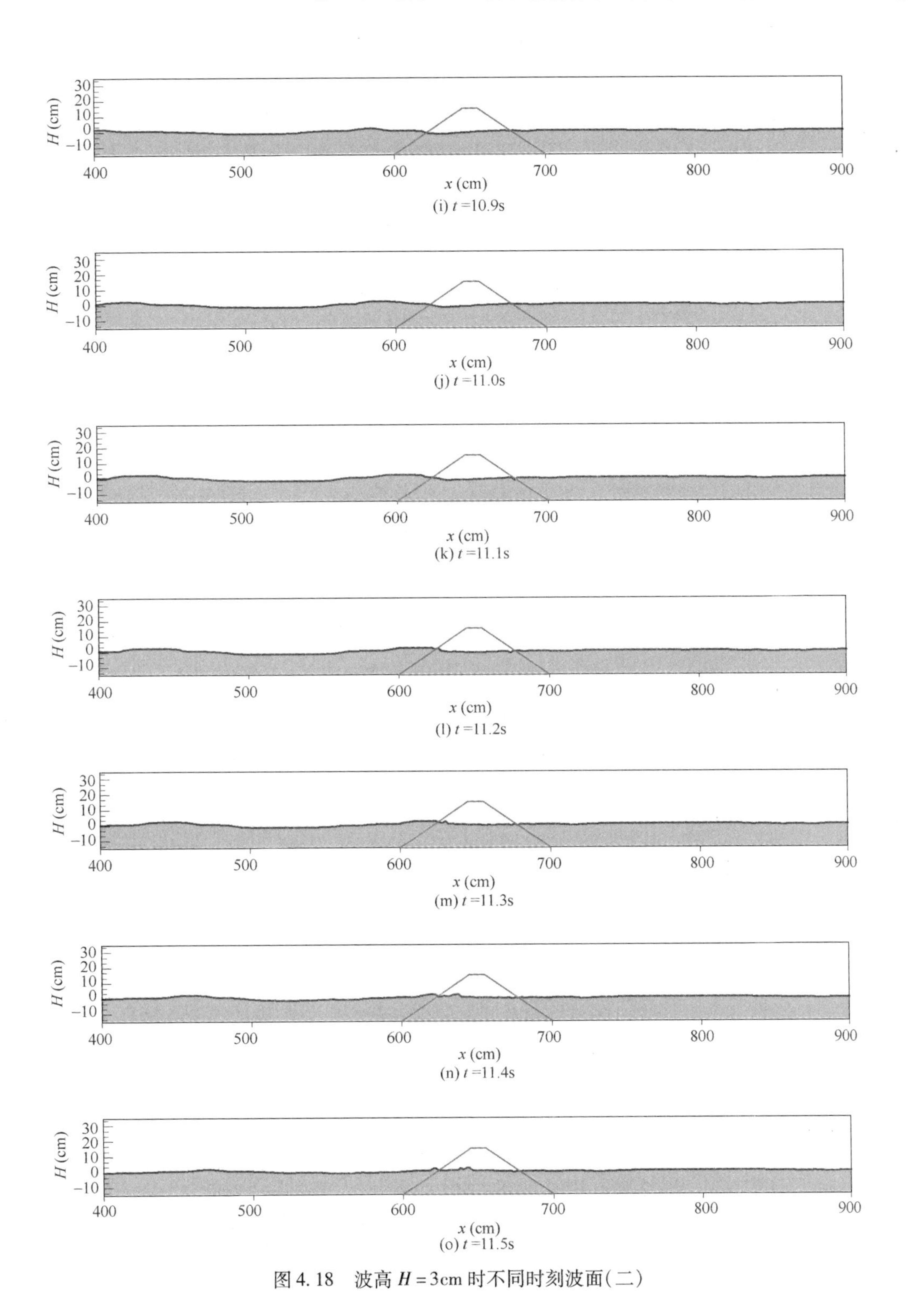

图4.18　波高 $H=3$cm 时不同时刻波面(二)

4.4.3 不同周期条件下波浪与可渗透斜坡堤的相互作用

本节对水深 $d=15\text{cm}$、波高 $H=5\text{cm}$ 及不同周期的情况进行了计算，分析了不同周期条件下斜坡堤前后波高变化及堤心压强沿程变化情况。

图4.19 给出了不同周期条件下波高在可渗透斜坡堤前后的变化情况。从图4.19 可以看出，波浪经过斜坡堤作用后波高产生明显的衰减，其衰减情况用渗透波高透射系数表示，即：

$$K_t = \frac{H_4}{H_i} \tag{4.50}$$

式中：H_4 为4 号波高仪处波高；H_i 为入射波高；K_{t1}、K_{t2}、K_{t3}、K_{t4}分别为 $T=0.8\text{s}$、$T=1.0\text{s}$、$T=1.2\text{s}$、$T=1.5\text{s}$ 时的渗透波高透射系数，其值分别为 $K_{t1}=0.10$、$K_{t2}=0.14$、$K_{t3}=0.22$、$K_{t4}=0.29$。可见，在入射波高相同的情况下，透射系数随着周期的增大而增大。

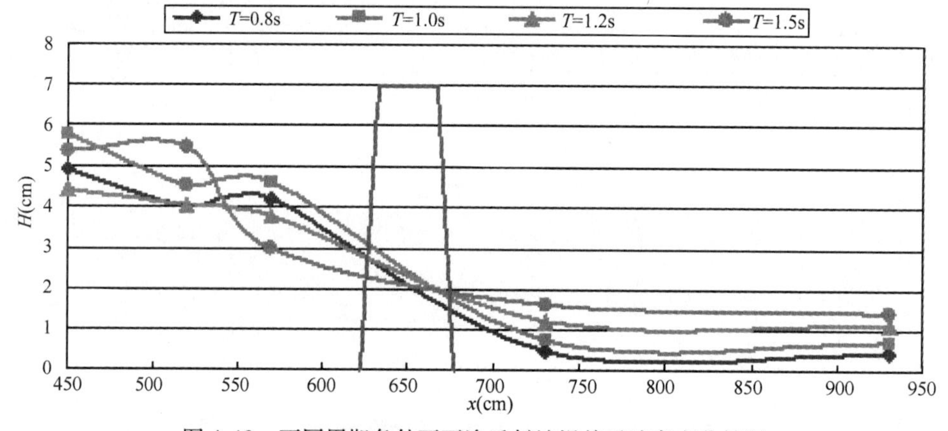

图4.19　不同周期条件下可渗透斜坡堤前后波高变化情况

图4.20 给出了不同周期条件、水面下不同深度处斜坡堤内部的堤心压强沿程变化情况。从图4.20 可知：

①在不同深度处，堤心压强沿着 x 方向基本呈指数规律衰减；

②在入射波高相同的条件下，随着周期的增大，堤心压强也逐渐增大。

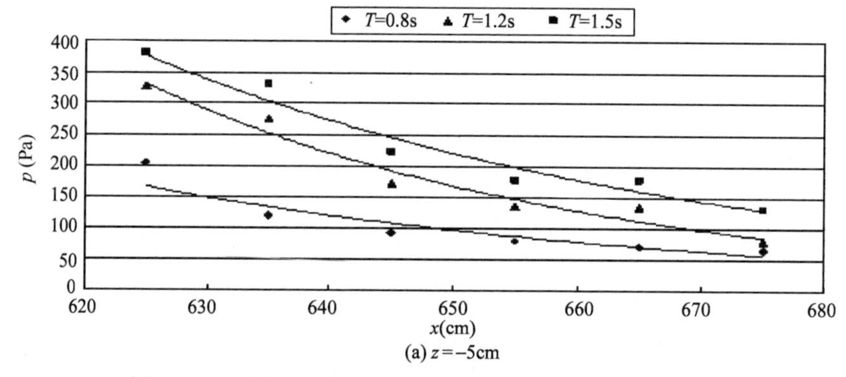

(a) $z=-5\text{cm}$

图4.20　不同周期条件下堤心压强沿 x 方向变化情况(一)

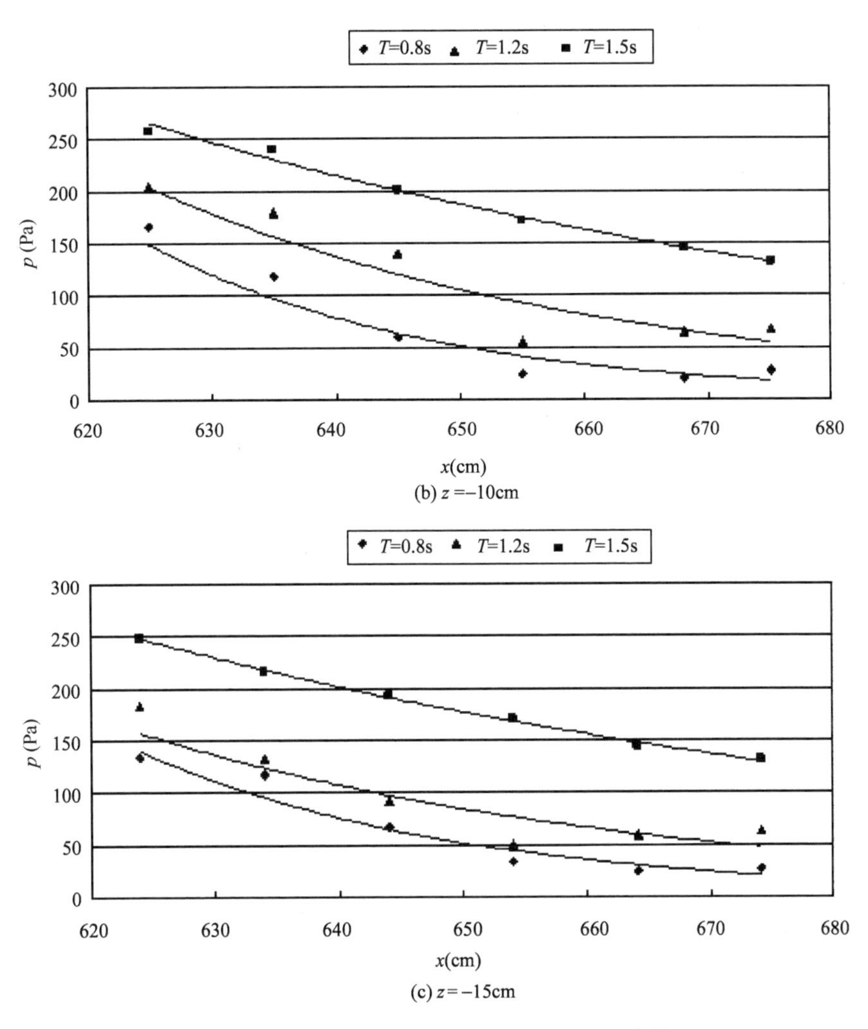

图 4.20　不同周期条件下堤心压强沿 x 方向变化情况(二)

4.4.4　不同入射波高条件下波浪与可渗透斜坡堤的相互作用

本节对水深 $d=15\text{cm}$、周期 $T=1.5\text{s}$、不同入射波高的情况进行了计算，分析了不同入射波高条件下斜坡堤前后波高变化及堤心压强沿程变化情况。

图 4.21 给出了不同入射波高条件下波高在可渗透斜坡堤前后的变化情况。从图 4.21 可以看出，波浪经过斜坡堤作用后波高产生明显的衰减，K_{t1}、K_{t2}、K_{t3}、K_{t4}分别为 $H=3\text{cm}$、$H=4\text{cm}$、$H=5\text{cm}$、$H=6\text{cm}$ 时的渗透波高透射系数，其值分别为 $K_{t1}=0.42$、$K_{t2}=0.34$、$K_{t3}=0.29$、$K_{t4}=0.27$。可见，透射系数随着入射波高的增大而减小。

图 4.22 给出了不同周期条件、水面下不同深度处斜坡堤内部的堤心压强沿程变化情况。从图 4.22 可知：

①在不同深度处，堤心压强沿着 x 方向基本呈指数规律衰减；

②在周期相同的条件下，随着入射波高的增大，堤心压强也逐渐增大。

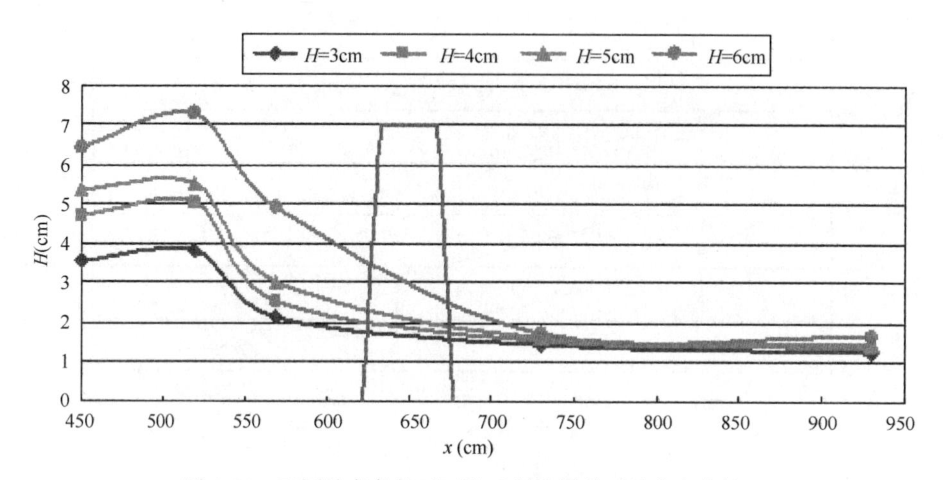

图 4. 21　不同波高条件下可渗透斜坡堤前后波高变化情况

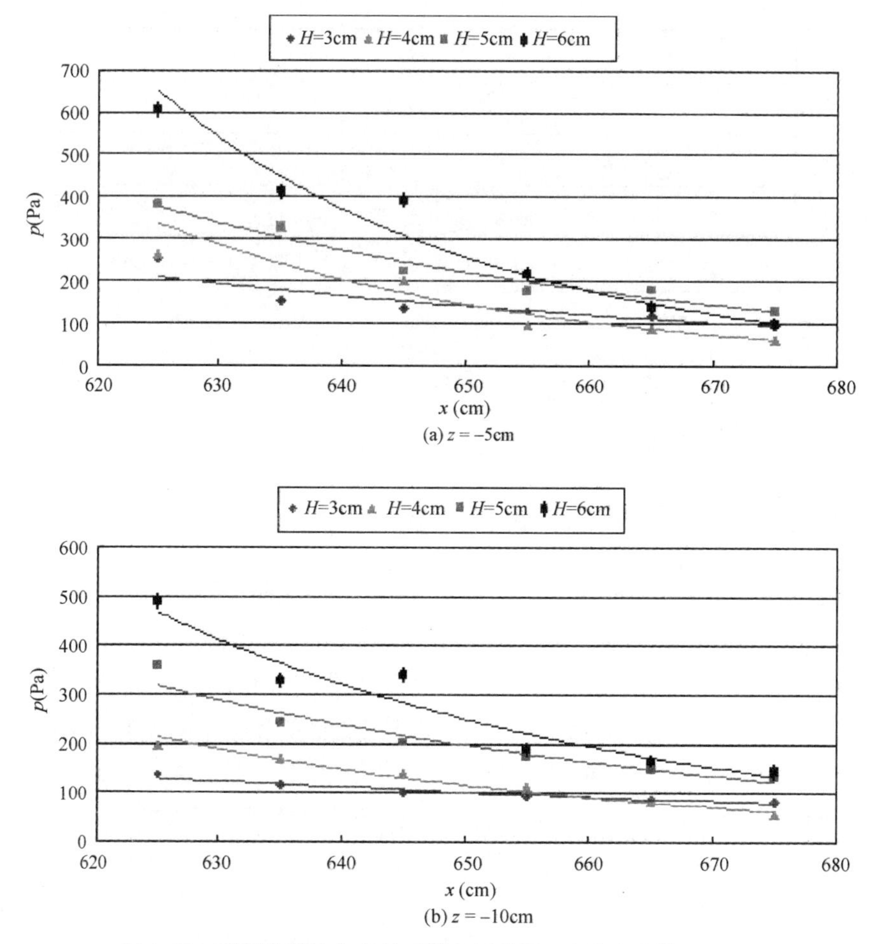

图 4. 22　不同入射波高条件下堤心压强沿 x 方向变化情况(一)

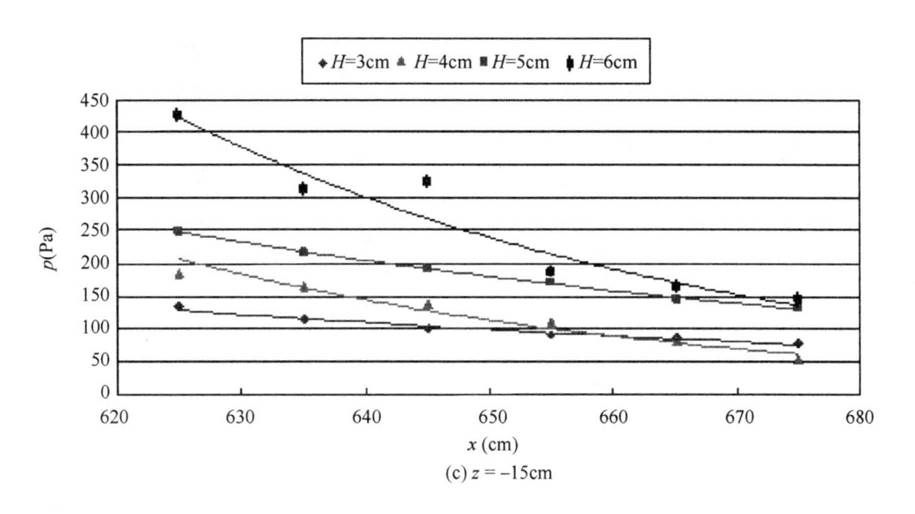

(c) $z=-15$cm

图4.22　不同入射波高条件下堤心压强沿 x 方向变化情况(二)

4.4.5　水槽模型试验验证

波浪要素采用波高仪测量，由计算机自动采集和处理。如图4.23所示，四根波高仪分别布置在抛石防波堤前后，1号波高仪布置在防波堤横断面中心线前2m，2号波高仪布置在防波堤横断面中心线前1.3m，3号波高仪布置在防波堤横断面中心线前0.8m，4号波高仪布置在防波堤横断面中心线后2.8m。上述波高仪布置与图4.12数值波浪水槽的布置相同。

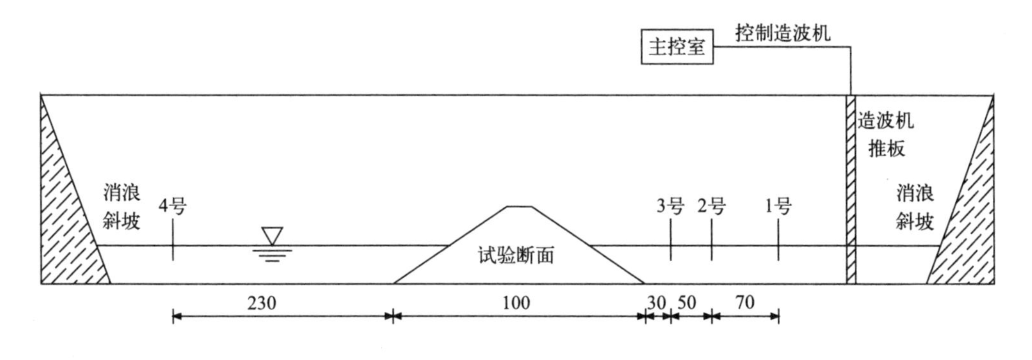

图4.23　水槽断面及波高仪布置示意(单位：cm)

试验中采用抛石可渗透防波堤顶宽10cm、高30cm、两侧边坡坡度1∶1.5，组成抛石防波堤的材料选用直径为5cm到7cm大致均匀的石头，经试验测得防波堤孔隙率约为0.35，试验断面如图4.24所示。

试验中波浪采用规则波，水深为15cm，周期为1.5s，波高分别取5cm和3cm两种情况。

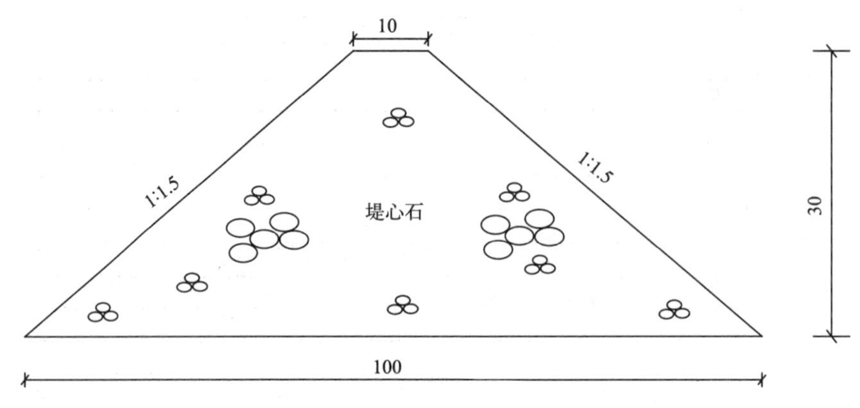

图 4.24　试验断面(单位：cm)

测量堤后由堤心渗透引起的波高大小，计算堤后渗透系数。测量堤后波高时，在距离后坡坡脚一倍波长外放置波高仪测量该处波高，并按下式计算渗透波高透射系数 K_t：

$$K_t = \frac{H_t}{H_i} \tag{4.51}$$

式中：H_t 为由渗透引起的堤后波高；H_i 为入射波高。

由造波机产生的入射波向前传播并作用于试验模型，一部分波能被反射回去，在水槽中与入射波叠加形成合成波。由于无法直接测量出反射波，因此必须从合成波中将入、反射波分离出来。

目前，国内外分离方法主要有：两点法(合田良实，1982)、三点法(俞聿修，2003)、传递函数法(俞聿修，2003)及 AM 解析法(王永学等，2003)等。本文在斜坡堤前放置三根波高仪，采用三点法编程分离入射波和反射波，求出反射系数 K_r：

$$K_r = \frac{H_r}{H_i} \tag{4.52}$$

式中：H_r 为反射波高；H_i 为入射波高。

图 4.25 和图 4.26 是周期 $T = 1.5\text{s}$、波高分别为 $H = 5\text{cm}$ 和 $H = 3\text{cm}$ 条件下，试验结果与数值模拟结果的对比。

堤后波高透射系数和反射系数的试验结果为：

①波高 $H = 5\text{cm}$、周期 $T = 1.5\text{s}$ 时，测得：透射系数 $K_t = 0.27$，反射系数 $K_r = 0.37$；数值计算结果：透射系数 $K_t = 0.29$，反射系数 $K_r = 0.33$。

②波高 $H = 3\text{cm}$、周期 $T = 1.5\text{s}$ 时，测得：透射系数 $K_t = 0.40$，反射系数 $K_r = 0.35$；数值计算结果：透射系数 $K_t = 0.44$，反射系数 $K_r = 0.31$。

由图 4.25 和图 4.26 及上述试验和计算结果可知，波浪与可渗透斜坡堤相互作用的数值模拟结果与试验结果吻合良好。

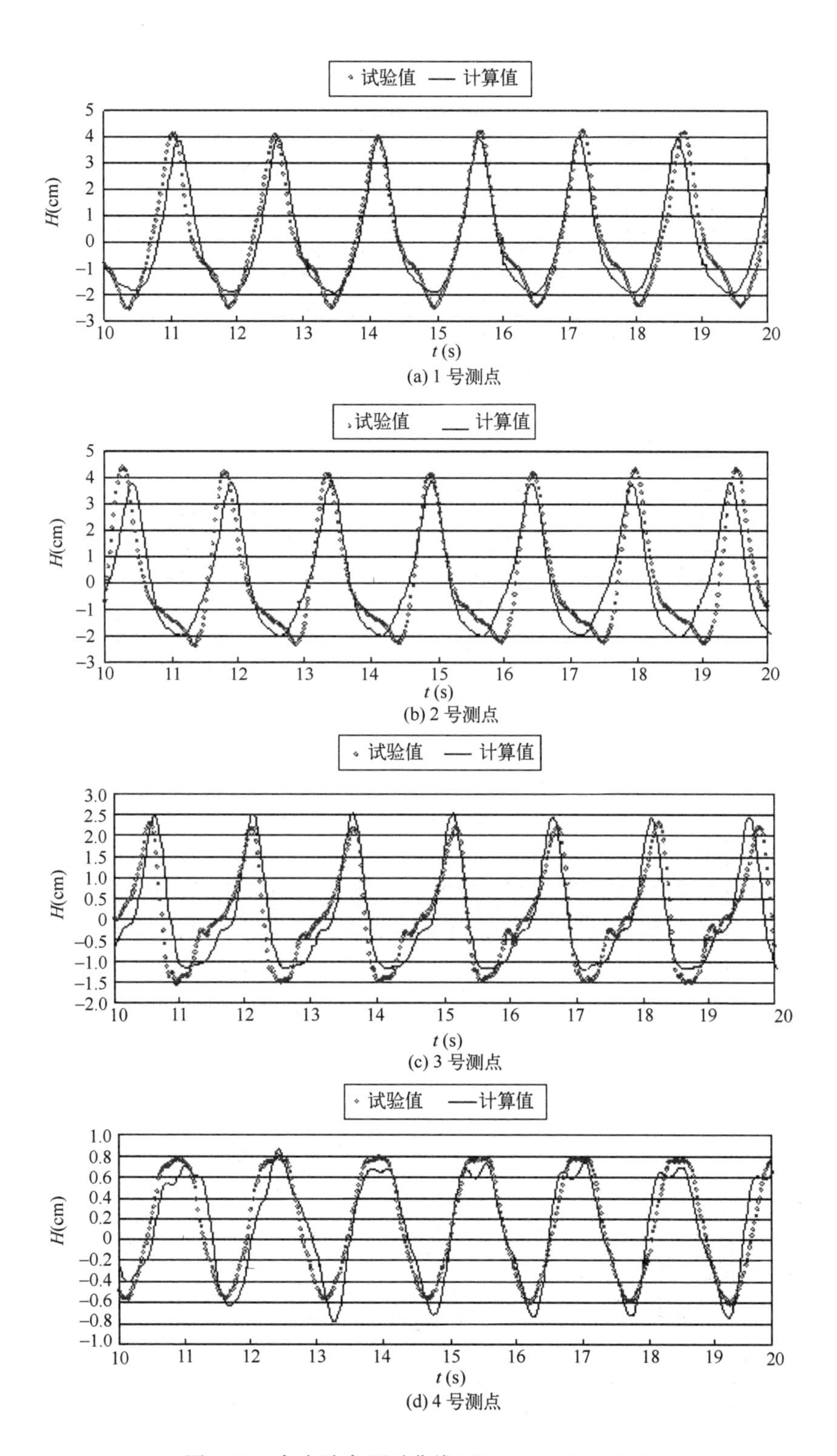

图4.25　各点波高历时曲线（$H=5\text{cm}$，$T=1.5\text{s}$）

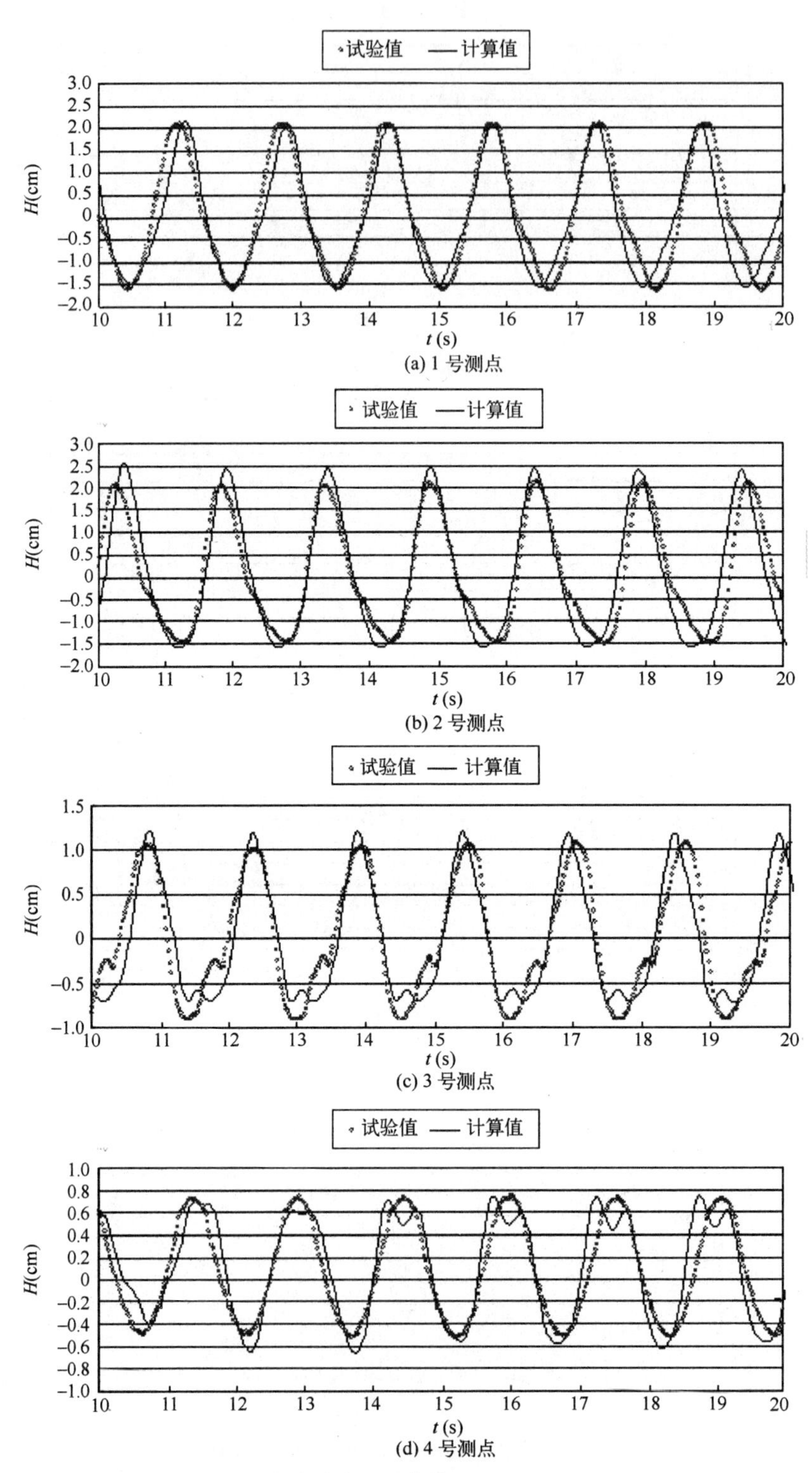

图 4.26　各点波高历时曲线($H=3$cm，$T=1.5$s)

因此，本文所建模型能够较好地模拟波浪在可渗透斜坡堤前、后的传播变形，是一种研究波浪与可渗透斜坡堤相互作用的有效数值计算方法。

4.4.6　理论分析结果验证

表 4.1 为水深 $d=15$cm，周期 $T=1.5$s，斜坡堤坡度为 1∶1.5，孔隙率为 0.35，入射波高分别为 5cm 和 3cm 时，简化模型解析结果(结果详见第三章)与数值模拟计算所得的波高透射系数的计算结果对比。

表 4.1　不同入射波高透射系数结果对比

	理论公式			数值计算
	线性项	二次项	多项式	
$H=5$cm	0.10	0.37	0.31	0.29
$H=3$cm	0.26	0.55	0.46	0.44

由表可知：在两种入射波高条件下，多项式衰减公式计算所得渗透系数与数值计算结果基本吻合，线性衰减公式计算结果偏小，二次项衰减公式计算结果偏大。

第 5 章　透水防波堤透射系数及堤心压强试验研究

5.1　概述

近年来，防波堤的设计水深呈现出越来越大的趋势，斜坡式防波堤也不例外。堤身断面的增大使得进一步降低堤心材料单价的重要性更为突出。斜坡式防波堤的堤身断面需要大量的堤心石石料，堤心石的合理选择对于防波堤的稳定和造价都有相当程度的影响。堤心石作为斜坡式防波堤的重要组成部分，在波浪作用下产生的动力响应对整个斜坡堤的正常工作有较大影响，但目前国内对其与波浪相互作用机理的研究较少。当外海波浪遇到斜坡堤后，一部分能量透过护面块体和垫层进入堤心内对堤心石产生附加压强，堤心内的附加压强可分离为静水压强和动水压强。由于级配不同的堤心石具有不同的阻尼系数，这也将对静水压强和动水压强的衰减规律等方面产生显著的影响。另一方面，由于防波堤是由大颗粒块石组成的可渗透型结构，当波浪作用于这类渗透型结构的基础或建筑物时，在多孔介质内将引起振荡的渗流。当组成这类结构块石粒径较大时，流体在块石孔隙内的渗流流速较大，雷诺数已超过层流区间的上限，孔隙内的渗流不再满足达西渗流定律，惯性力引起的水头损失不可忽略。因此，对堤心石必须采用特殊方法进行模拟。

1999 年丹麦 Aalborg 大学的 Burchanth 等认为堤心材料的渗透性对防波堤护面块体的稳定、波浪爬高、越浪量等都有影响。虽然堤心石本身存在粒径、形状、圆度等因素的影响，但模型比尺引起的堤心石粒径的大小对模拟波生水流流速、流态以及不可忽略的黏滞力等有显著的影响。堤心石粒径大小影响最直接的就是堤心内的流态是层流、过渡段还是紊流。堤身内部堤心石与波浪之间的相互作用主要是通过堤心内压强这一动力特性和流速这一运动特性的变化而体现出来的。渗流速度等模型量需要根据压强梯度与水力坡降相似的假定来推求并不断加以修正，因此用动力特性来描述堤心石对防波堤的影响是比较合理的。

Engelund(1953) 和 Le Mehaute(1957)均研究通过了颗粒材料的流动，包括流动不是层流的大雷诺数的流动。雷诺数定义为 $Re = uD/\nu$(D 是堤心材料的表征颗粒尺寸；u 是流动速度；ν 是水的运动黏性系数)。在小雷诺数层流的情况下，主导力是重力和黏滞力，水力梯度与速度 u 是成比例的；在大雷诺数紊流的情况下，主导力是重力和惯性力，水力梯度与 u^2 是成比例的。目前众多学者最感兴趣的是研究两种流态之间的过渡状态，因为这种状态较难模拟且在防波堤波浪物理模型中经常碰到。

Engelund(1953)根据试验结果给出了水力梯度 i 的表达式：

$$i = au + bu^2 = \alpha_0 \frac{(1-n)^3}{n^2} \frac{\nu}{gD^2} u + \beta_0 \frac{1-n}{n^3} \frac{1}{gD} u^2 \tag{5.1}$$

式中：a、b、α_0 和 β_0 都是常数。等号右边两项可解释为层流项水力梯度和紊流项水力梯度。

Engelund(1953)从试验研究中得到常数 α_0 和 β_0 的值：

“层流”系数，α_0：

$$\begin{cases} \alpha_0 \approx 780(\text{均匀球形颗粒}) \\ \alpha_0 \approx 1000(\text{均匀球形砂砾}) \\ \alpha_0 \geqslant 1500(\text{不规则棱角颗粒}) \end{cases} \tag{5.2}$$

“紊流”系数，β_0：

$$\begin{cases} \beta_0 \approx 1.8(\text{均匀球形颗粒}) \\ \beta_0 \approx 2.8(\text{均匀球形砂砾}) \\ \beta_0 \geqslant 3.6(\text{不规则棱角颗粒}) \end{cases} \tag{5.3}$$

Le Mehaute(1957)提出与方程(5.1)类似的方程：

$$i = 14 \frac{1}{n^5} \frac{\nu}{gD^2} u + 0.1 \frac{1}{n^5} \frac{u^2}{gD} \tag{5.4}$$

防波堤波浪物理模型试验目前都按弗劳德(Froude)相似率进行，即长度比尺为 λ，时间比尺为 $\sqrt{\lambda}$，力的比尺为 λ^3。

从式(5.1)中可以看到，如采用弗劳德相似律，层流项 $\alpha_0[(1-n)^3/n^2](\nu/gD^2)u$(假设 n、ν 和 g 在原型与模型中是一样的)由 u/D^2 决定，原型与模型的比尺为 $\sqrt{\lambda}/\lambda^2 = \lambda^{-3/2}$；紊流项是由 u^2/D 决定的，原型与模型的比尺为 $(\sqrt{\lambda})^2/\lambda = 1$。因此，如需同时模拟上述两项，模型比尺应为 1。

对于小雷诺数，紊流项可以忽略，从式(5.1)中可以看到满足弗劳德相似率的必要性是：

$$\frac{u_p}{D_p^2} = \frac{u_m}{D_m^2}$$

p 和 m 分别表示原型与模型的物理量值。这也意味着：

$$\frac{D_p^2}{D_m^2} = \frac{u_p}{u_m}$$

在费劳德模型中，u_p/u_m 相当于 $\sqrt{\lambda}$，也就是说：

$$D_m = D_p/\lambda^{1/4} \tag{5.5}$$

上式适合纯层流的情况。

因为水力梯度可看成由层流项和紊流项组成，故可通过两项的比值关系来衡量层流和紊流所起的作用。Engelund(1953)把水力梯度比值ξ定义为

$$\xi = \frac{i_t}{i_l} = \frac{\beta_0 \frac{(1-n)}{n^3}\frac{1}{gD}u^2}{\alpha_0 \frac{(1-n)^3}{n^2}\frac{\nu}{gD^2}u} = \frac{\beta_0}{\alpha_0}\frac{1}{n(1-n)^2}\frac{uD}{\nu} = \frac{\beta_0}{\alpha_0}\frac{1}{n(1-n)^2}Re \tag{5.6}$$

在$\alpha_0 = 1500$、$\beta_0 = 3.6$且孔隙率$n = 0.40$的条件下，上述关系为$\xi = Re/60$。Engelund讨论了层流的上限，对应的平均临界值$\xi_c = 0.07$，此时紊流项是层流项的7%，临界雷诺数为

$$Re_c = 60 \tag{5.7}$$

因此，当$Re < 60$时，可采用式(5.5)模拟堤心石(纯层流条件)。

为了使模型和原型完全相似，就要求模型与原型的水力梯度是相似的。也就是说对于式(5.1)，假设n、ν和g是一样的，模型与原型的水力梯度比：

$$\frac{i_m}{i_p} = \frac{\alpha_0 \frac{(1-n)^3}{n^2}\frac{\nu}{gD_m^2}u_m + \beta_0 \frac{1-n}{n^3}\frac{1}{gD_m}u_m^2}{\alpha_0 \frac{(1-n)^3}{n^2}\frac{\nu}{gD_p^2}u_p + \beta_0 \frac{1-n}{n^3}\frac{1}{gD_p}u_p^2} = 1 \tag{5.8}$$

应用弗劳德相似率，$u_p = \sqrt{\lambda}\, u_m$，定义原型与模型的石块粒径比为$k = D_p/D_m$，并代入式(5.8)得

$$\frac{\alpha_0 \frac{(1-n)^3}{n^2}\frac{\nu}{gD_p{}^2}\frac{k^2}{\sqrt{\lambda}}u_p + \beta_0 \frac{1-n}{n^3}\frac{1}{gD_p}\frac{k}{\lambda}u_p^2}{\alpha_0 \frac{(1-n)^3}{n^2}\frac{\nu}{gD_p^2}u_p + \beta_0 \frac{1-n}{n^3}\frac{1}{gD_p}u_p^2} = 1 \tag{5.9}$$

式(5.9)可以写为

$$\frac{\frac{k^2}{\sqrt{\lambda}} + \frac{\beta_0}{\alpha_0}\frac{1}{n(1-n)^2}\frac{k}{\lambda}\frac{u_p D_p}{\nu}}{1 + \frac{\beta_0}{\alpha_0}\frac{1}{n(1-n)^2}\frac{u_p D_p}{\nu}} = 1 \tag{5.10}$$

通过整理，可以得到式(5.11)和(5.12)：

$$k^2 + \frac{1}{\sqrt{\lambda}}\xi_p k - \sqrt{\lambda}(1+\xi_p) = 0 \tag{5.11}$$

$$k = \frac{\xi_p}{2\sqrt{\lambda}}\left\{\left[1 + 4\lambda^{3/2}\frac{(1+\xi_p)}{\xi_p{}^2}\right]^{1/2} - 1\right\} \tag{5.12}$$

其中：$\xi_p = \frac{\beta_0}{\alpha_0 n}\frac{1}{(1-n)^2}\frac{u_{\max}D}{\nu}$。

式(5.12)表明：

当 $\xi_p \to 0$ 时，$k \to \lambda^{1/4}$；$\xi_p \to \infty$ 时，$k \to \lambda$。

因此，对于层流和紊流之间的过渡段，堤心石的比尺应取为 $k = \lambda^{1/4} \sim \lambda$。

Jensen 和 Klinting(1983)将式(5.12)k 与 ξ_p 和 λ 的关系绘制成图后便于应用。

Le Mehaute(1957)根据式(5.4)给出了几乎相同的校正块石尺寸的结果。

Oumeraci 等(1984)根据 Le Mehaute(1957)和 Biesel(1950)的研究成果提出了防波堤堤心压强的分布公式：

$$p(x) = p_0 \exp\left(-\delta \frac{2\pi}{L'} x\right) \tag{5.13}$$

式中：x 是横坐标，$x=0$ 表示下垫层与堤心石交界处；p_0 是 $x=0$ 处的压强值；$L' = L/\sqrt{1.4}$，表示堤心内部的波长，L 是入射波长；δ 是衰减系数。

Burcharth 等人(1999)在 Le Mehaute(1957)和 Biesel(1950)研究的基础上，又提出适合每一深度下防波堤堤心压强的分布模型：

$$p_{\max}(x) = p_{0\max} \exp\left(-\delta \frac{2\pi\ \sqrt{1.4}}{L} x\right) \tag{5.14}$$

式中：$p_{\max}$是最大孔隙压强值；$p_{0\max}$是在 $x=0$ 处的最大孔隙压强值。试验研究发现：$p_{\max}(x)$与有效值 $p_s(x)$相比，缺少可信度和代表性，因此常用 $p_s(x)$代替 $p_{\max}(x)$。Troch 等(2002)给出两者的关系为

$$p_s = 0.59 p_{\max} \tag{5.15}$$

通过分析大比尺模型试验数据，Troch 等(2002)提出 $x=0$ 处有效孔隙压强值可表示为

$$\frac{p_{0,s}}{\rho_w g} = 0.55 H_s \tag{5.16}$$

因此，堤心内孔隙压强的衰减模型可以表示为

$$p_s(x) = p_{0,s} \exp\left(-\delta \frac{2\pi}{L'} x\right) = 0.55 \rho_w g H_s \exp\left(-\delta \frac{2\pi}{L'} x\right) \tag{5.17}$$

其中，

$$\delta = a_\delta \frac{n^{1/2} L^2}{H_s B} \tag{5.18}$$

式中：a_δ 是固定常数，Burcharth 等(1999)给出的值为 0.0141；B 是不同水深处对应的防波堤堤身水平宽度。

从式(5.18)可以看出：δ 随着孔隙率 n 和波周期 T_p 的增加而增加；随着入射波高 H_s 的增加而减小。

本次试验在不同堤心粒径、不同水深、不同波高和波周期且不考虑堤顶越浪的组合条件下，测量了选定防波堤断面的堤后渗透波高，通过分析试验结果得到堤后波高的变化规律和计算公式。

5.2 堤心石的模拟

当几何比尺(原型与模型对应物理量间的比值)取得太大时，水流通过堤心呈层流状态，由于黏滞力的影响，相当于模型中孔隙比减小，而原型情况则往往呈紊流状态，此时堤身透射系数减小，而反射增大。为克服这一影响，合适的办法是将采用几何长度比尺计算得到的模型堤心石尺寸按式(5.19)增大。

$$\frac{L_p}{L_m} = k\frac{D_p}{D_m} \tag{5.19}$$

式中：L 为几何正态模型特征长度；D 为块石线性长度；k 为大于1的系数；下标 p 和 m 分别表示原型和模型的物理量。

k 值的确定方法最好采用原型实测资料，先检测原型波浪的透射和反射，然后在模型中复演符合原型波浪透射及反射的动力特征，最后确定合适的模型堤心块石尺寸。Whalin 和 Chatham(1974)在洛杉矶港模型试验中就进行了这一类型的试验，模型几何长度比尺为20。在模型中很准确地复演是不太可能的，因为透射系数和反射系数都随波浪周期而变，在模型试验所有波周期范围内或在不规则波的所有周期(频率)范围内，不同频率波的透射特征都一一对应是困难的。

通过模型试验求得模型中垫层及堤心材料合适的尺寸是一个比较好的方法，但须进行多次试验才能确定。对此 Le Mehaute(1957)和 Keulegan(1972)给出了模型堤心材料选择的建议。

5.2.1 Le Mehaute 模拟方法

Le Mehaute 提出了求 k 值的诺模图方法。假定波动水流通过堤心，外层护面的比尺影响可以忽略。Le Mehaute 的求 k 值的诺模图(后经 Hudson 等(1979)重新整理)如图5.1所示。图中实线是常数 k 值，纵坐标为几何长度比尺 $\lambda_L = \frac{L_p}{L_m}$，横坐标为包括抛石结构各参数的尺度因子，即：

$$\frac{H_i}{\Delta L} \cdot D_p^3 n_p^5 \tag{5.20}$$

式中：H_i 为入射波高；ΔL 为堤心断面平均宽度；D_p 为原型堤心材料有效块石粒径(cm)；n_p 为堤心材料孔隙率($0 < n_p < 1$)。

值得注意的是，式(5.20)中的 D_p 必须以厘米为单位，取粒径曲线上小于该粒径块石重量占总重量10%的粒径值；H_i 和 ΔL 可用米为单位，$H_i/\Delta L$ 为水流通过堤心的孔隙水头损失梯度。

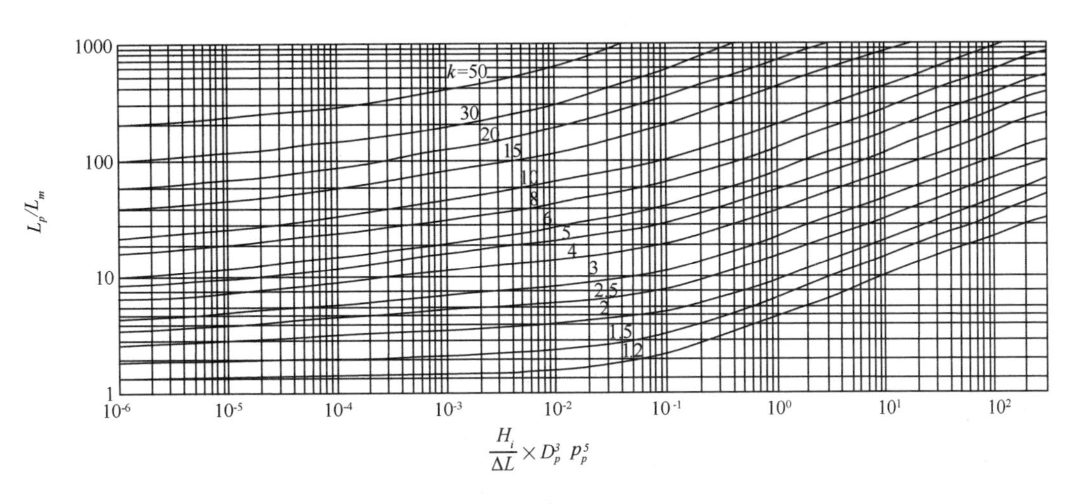

图5.1　Le Mehaute 的 k 值诺模图

5.2.2　Keulegan 模拟方法

Keulegan 对粒径相近的块石进行了试验，其孔隙率约为0.46(一般堤心材料孔隙率为0.35～0.40)，在此基础上，给出一个经验关系。其后 Hudson 等(1979)将 Keulegan 的经验关系改写成一般形式，以孔隙率作为变量，给出两个方程，一个是当雷诺数 Re 大于2000 的原型的波浪透射方程，此时假定能量是通过紊流损耗的；另一个是雷诺数取值20 至2000 之间，相当于模型的波浪透射方程，其能量是通过黏滞作用损耗的。得到下列关系式：

$Re>2000$ 时，

$$\left(\frac{H_i}{H_t}\right)_p = 1+\gamma_p\left(\frac{H_i}{2d}\right)_p\cdot\left(\frac{\Delta L_w}{L_w}\right)_p \tag{5.21}$$

$$\gamma_p = \frac{n_p^{-4}}{10.6}\left(\frac{L_w}{D}\right)_p+\left(\frac{H_i}{2d}\right)_p\cdot\left(gd\,\frac{T^2}{L_w^2}\right)_p^{4/3} \tag{5.22}$$

$20<Re<2000$ 时，

$$\left(\frac{H_i}{H_t}\right)_m^{2/3} = 1+\gamma_m\left(\frac{H_i}{2d}\right)_m^{2/3}\cdot\left(\frac{\Delta L_w}{L_w}\right)_m \tag{5.23}$$

$$\gamma_m = \frac{n_m^{-4}}{1.52}\left(\frac{\nu T}{DL_w}\right)_m^{1/3}\left(\frac{L_w}{D}\right)_m\left(gd\,\frac{T^2}{L_w^2}\right)_m^{4/3} \tag{5.24}$$

雷诺数 Re 由下式计算：

$$Re = \frac{nH_iL_wD}{2\nu dT} \tag{5.25}$$

式中：H_i 为入射波高；H_t 为透射波高；L_w 为入射波长；d 为水深；T 为波周期；ν 为水的运动黏滞性系数；D 为堤心石特征长度，取小于该粒径的重量占总重量10%的粒径；ΔL 为堤心石断面平均宽度；n 为堤心材料孔隙率。

从式(5.25)的雷诺数表达式可得

$$u = \frac{nH_iL}{2dT} \tag{5.26}$$

式(5.26)表示的是进入面层及垫层交界面最大渗透流速，由 Keulegan 对均匀浅水波导出，其振幅在通过堤心孔隙时呈指数形式减小。

按照式(5.21)～式(5.26)方法，先由原型各参数确定波浪透射系数$\frac{H_i}{H_t}$，根据相似性要求，使得模型与原型中有同样的波浪透射比。对此可由模型参数确定 D_m，进而通过 D_p 和 D_m 求出 k 值。

左其华(2006)对上述两种方法进行了详细的论述，并给出了计算实例。

按上述两种不同的方法计算，结果是有差别的，Hudson 等(1979)建议取二者的平均值。

5.2.3 本文模拟方法

Burcharth 和 Andersen(1995)认为，按弗劳德相似率模拟可渗的堤心将引起黏滞力、弹性力及表面张力不相似，且相对增加了堤心水流阻力，减少了进入和流出水流的速度，并直接影响到护面的稳定性等。为避免这一影响，对可渗透堆石防浪结构进行试验时，要求模型的垫层及堤心石中流场和原型相似，具体说来是要求垫层及堤心石中水力梯度 i 几何相似，即：

$$i_p = i_m \tag{5.27}$$

根据已有研究给出的波浪作用下堤心孔隙水压力及水力梯度变化计算公式，当原型堤心孔隙特征水流流速为已知时，可按弗劳德相似律换算得模型中应有的堤心孔隙特征流速和与此相应的堤心中值粒径 D_{50}。

通常式(5.27)中的水力梯度 i 可通过下式估算：

$$i = au + b|u|u + c\frac{\partial u}{\partial t} \tag{5.28}$$

Burcharth 等(1999)指出波浪传播方向上波压力振幅成指数衰减，如下式所示：

$$p_{\max} = p_{0\max}\exp\left(-\delta\frac{2\pi}{L'}x\right) \tag{5.29}$$

式中：x 为水平坐标，$x=0$ 相当于下垫层与堤心石交界处；$p_{0\max}$ 为参考压力，$p_{0\max} = p_{\max}(x=0)$，计算时可取 $p_{0\max}=\rho_w gH_s/2$；δ 为阻力系数；L'为堤心中波长，$L'=\frac{L}{\sqrt{D_{11}}}$，适用于 $d/L<0.5$，d 为堤前水深，L 为入射波长，D_{11} 为系数，Le Mehaute(1957)对块石给出的经验值为 1.4，Biesel(1950)给出理论值为 1.5。

Troch 等(2002)通过对泽布品赫(Zeebrugge)原型观测记录研究了 δ 的变化规律，并给出如下的经验公式：

$$\delta = 0.0141\frac{n^{1/2}L_p^2}{H_s b} \tag{5.30}$$

忽略堤心内部水位涌高后，固定点的堤心孔隙压力瞬时变化可写为

$$p_{(x,t)} = p_{\max}(x)\cos\left(\frac{2\pi}{L'}x + \frac{2\pi}{T_p}t\right) = \rho_w g\frac{H_s}{2}\exp\left(-\delta\frac{2\pi}{L'}\right)\cos\left(\frac{2\pi}{L'}x + \frac{2\pi}{T_p}t\right) \tag{5.31}$$

水平压力梯度：

$$\frac{1}{\rho g}\frac{\mathrm{d}p(x,t)}{\mathrm{d}x} = -\frac{\pi H_s}{L'}\exp\left(-\delta\frac{2\pi}{L'}\right)\left[\delta\cos\left(\frac{2\pi}{L'}x + \frac{2\pi}{T_p}t\right) + \sin\left(\frac{2\pi}{L'}x + \frac{2\pi}{T_p}t\right)\right] \tag{5.32}$$

Burcharth 等(1999)根据福希海默方程得到水力梯度方程：

$$i_x = \alpha\left(\frac{1-n}{n}\right)^2\frac{\nu}{gD_{50}^2}\left(\frac{u}{n}\right) + \beta\frac{1-n}{n}\frac{1}{gD_{50}}\left(\frac{u}{n}\right)^2 \tag{5.33}$$

式中：α、β 为与雷诺数 $Re = \frac{uD_{50}}{\nu}$、颗粒形状、级配有关的系数。Burcharth 等(1999)给出了 α、β 参考值。

假设堤内压强梯度与水力坡降近似相等，则可以求出对应于一定中值粒径的原型的堤内渗流速度值。由该流速值按照弗劳德相似律得到模型的堤内渗流速度称为目标流速。与此同时，利用同样的比尺还可以求得堤心颗粒的中值粒径等其他物理量。按照上述相同的假设，也可以直接计算出模型的堤内流速并与目标流速进行比较，若两者不等，则通过加大模型中值粒径的方法重新计算，直至两者接近为止。模型中值粒径的增大相当于局部减小了模型的比尺。在模型中孔隙水压力梯度仍然可以近似按照重力相似的模型量来确定，而水力坡降中的中值粒径和渗流速度等模型量则需要利用压强梯度与水力坡降相等的假定来推求并不断加以修正。因此，在模型中用堤心内孔隙压力来描述堤心材料在波浪作用下的特性，比之用流速场来描述更为合理。

本文在综合其他相关文献研究成果的基础上，提出了新的堤心石模拟方法。

首先，采用式(5.29)～式(5.33)计算得到最大渗流流速 $u_{\max}$。

其次，防波堤模型与原型的相似，要求两者的水力坡降相同。在多孔颗粒材料构成的防波堤堤心内，波浪作用下产生的孔隙水流的水力坡降同流速和流态密切相关。对于按照重力相似设计的模型，水力坡降中的层流项受黏滞力的影响总是无法与原型相似，除非原型的粒径 D_p 与模型的粒径 D_m 之比能够满足长度比尺 λ 的1/4次方。通常堤心内的实际波动流态是介于层流和紊流之间的过渡状态，所以对于长度比尺 λ 的防波堤重力模型，其堤心材料的比尺则必须调整到介于 $\lambda^{1/4}$～λ 之间才能满足流动相似的要求。堤心材料的比尺 k 与 ξ_p 及长度比尺 λ 的关系如图5.2所示。图中：

$$\xi_p = \frac{\beta_0}{\alpha_0}\frac{1}{n(1-n)^2}\frac{u_{\max}D}{\nu} \tag{5.34}$$

对于不规则棱角的颗粒，$\alpha_0 \geqslant 1500$；$\beta_0 \geqslant 3.6$。

最后，将计算得到的 u_{max} 代入式(5.34)求得 ξ_p，并查图5.2得到堤心材料的比尺。

由于式(5.33)中的 α、β 及式(5.34)中的 α_0、β_0 的取值均有很大的不确定性，故上述方法需要通过模型试验做进一步的完善。因此，本文仍采取 Le Mehaute 模拟方法和 Keulegan 模拟方法的平均值来确定堤心材料比尺。

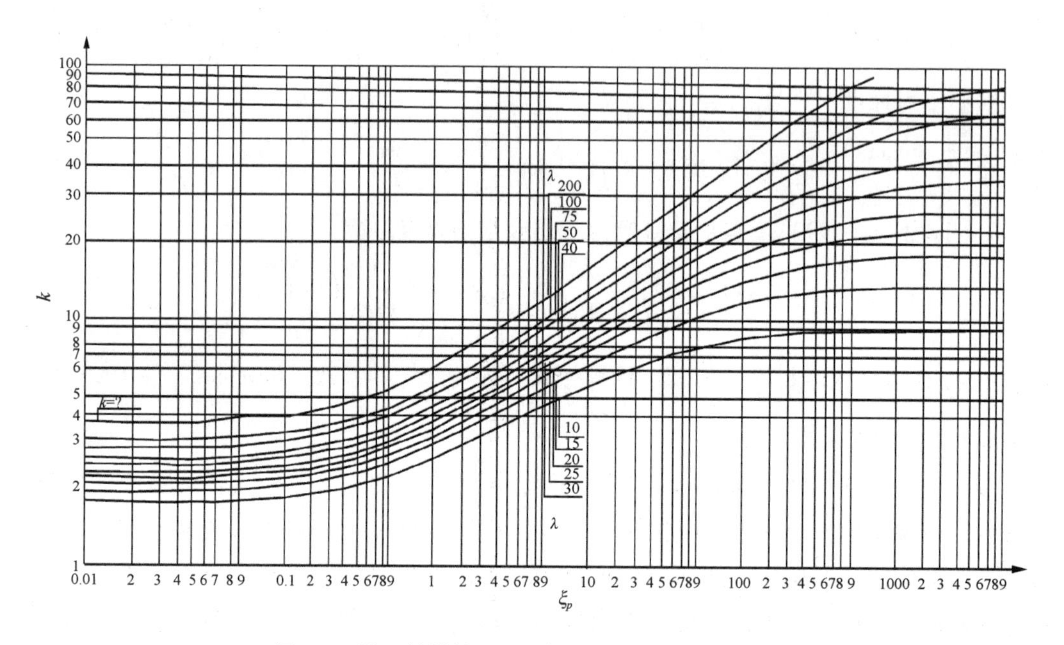

图5.2　堤心材料的比尺 k 与 ξ_p 及长度比尺 λ 的关系

5.3　试验设计

5.3.1　试验设备及测量仪器

波浪与透水堤相互作用的物理模型试验在南京水利科学研究院河流海岸研究所波浪水槽中进行(图5.3)。该水槽长40m、宽0.8m、深1.0m。水槽的一端配有推板式不规则波造波机，由计算机自动控制产生所要求模拟的波浪要素。该造波系统可根据需要产生规则波和不同谱型的不规则波。水槽两端均配有消浪缓坡用于吸收波浪。

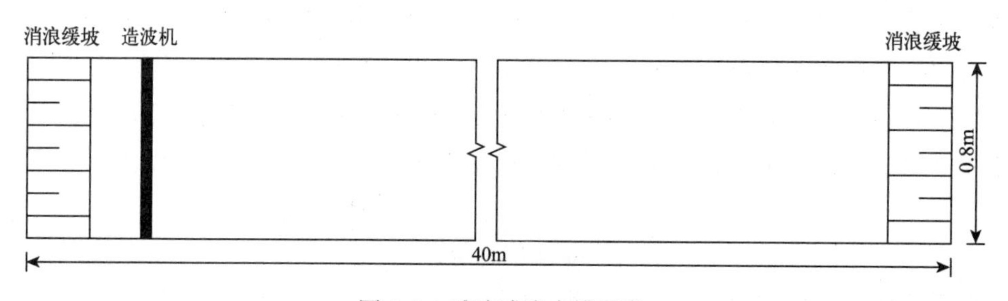

图5.3　试验波浪水槽示意

试验中波高的测量采用LG1型电容式波高仪(图5.4)，其稳定性好，受水温变化的影响小。敏感丝芯采用铜合金，以金属铜为主，加入少量弹性较好的金属以增加弹性，充分降低了温度对电容的影响，因而不必采用温度传感器进行温度校正；电容介质采用聚四氟乙烯，其对水的附着力小，当水位波动较快时，不会产生附着水从而影响波高的测量精度。采用DS30型64通道浪高水位仪系统进行数据采集(图5.5)，由计算机控制并进行数据处理，其最小采样时间间隔为0.0025s(400Hz)，量程为60cm，分辨率为0.03cm。

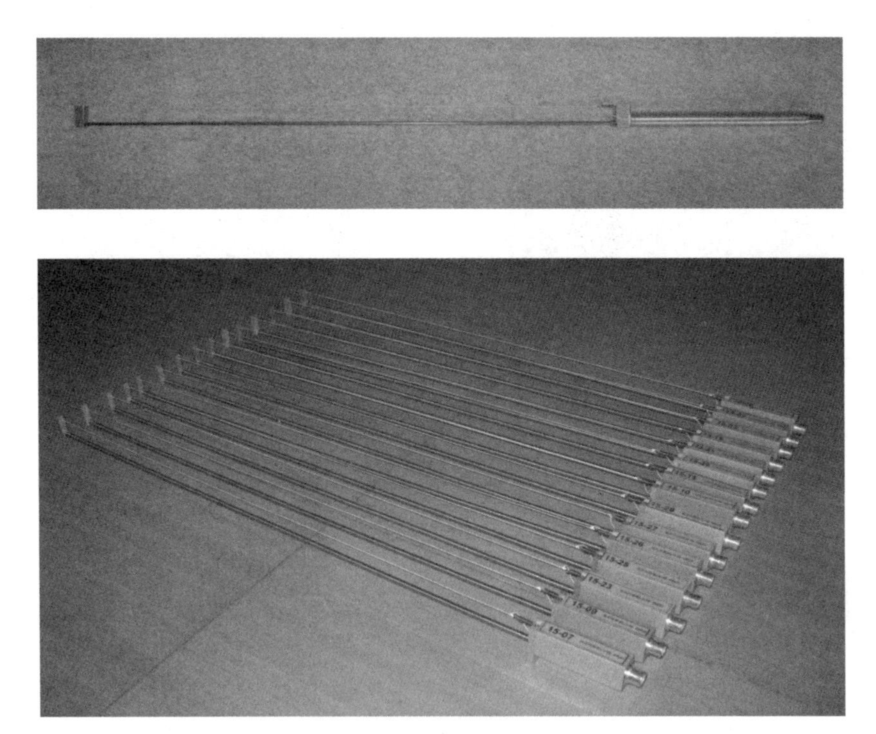

图5.4　LG1型电容式波高仪

孔隙水压力的测量采用DS30型64通道点压力仪系统(图5.6)。该系统由计算机、多功能监测仪以及压力传感器组成，能同时进行数据的采集和处理以及动态、静态压力的测量。压力传感器通过四芯屏蔽线与多功能监测仪连接，其最小采样时间间隔为0.0025s(400Hz)。压力传感器采用的是硅横向压阻式传感器，可在水下操作。传感器的背后装有塑料软管，一端与大气相通，以保证试验背景压强为大气压强，其测量范围为-10~10kPa，分辨率为0.01kPa。由于硅压力传感器具有稳定性好、灵敏度高、测量点数多以及动态特性好等特点，因此在波压力以及脉动压力的测量试验中，得到了十分广泛的应用。

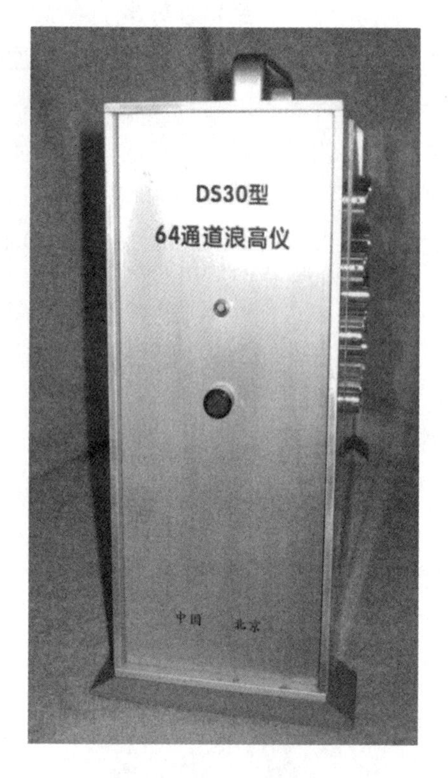

图 5.5　波高采集系统

图 5.6　波压力采集系统

5.3.2　试验断面的选择

根据试验水槽条件及造波机性能，试验采用的防波堤断面高 30cm，堤顶宽度 B 取 10cm、20cm 和 30cm，其中以 $B=20$cm 为主；防波堤坡度分别取 1∶1.5、1∶2、1∶2.5 和 1∶3，其中以 $m=2$ 为主。根据堤顶宽度 B 和防波堤坡度 m 的系列变化及不同组合共选取 6 种不同的断面形式，以期发现堤顶宽度 B 和防波堤坡度 m 对试验结果的影响。

试验断面如图 5.7 所示。

5.3.3　试验波浪条件

试验采用规则波。最小入射波高 H 为 2.5cm，最小入射波周期 T 为 1.1s，均符合《波浪模型试验规程》(JTJ/T 234—2001，中华人民共和国交通部，2001) 对原始入射波的规定，避免了水的黏滞力和表面张力对试验测量精度的影响。

当透水堤为潜堤的形式时，试验水深取 30cm(与堤顶平齐)和 40cm 两种工况(图 5.8)，分析由潜堤对波浪的反射和损耗作用引起的堤后波高变化情况，得到潜堤透射系数 K_{t1} 的影响因素和计算公式，即对应本书的第 5.5 节。

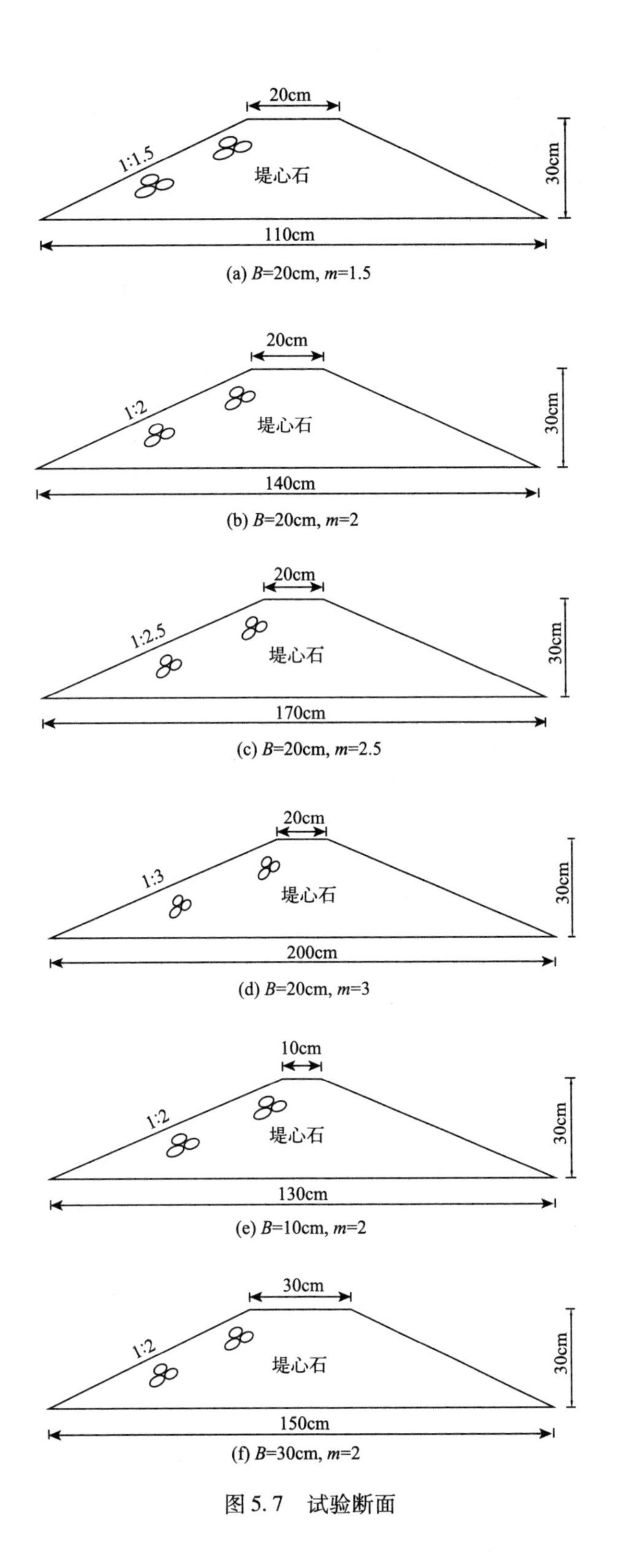

(a) B=20cm, m=1.5

(b) B=20cm, m=2

(c) B=20cm, m=2.5

(d) B=20cm, m=3

(e) B=10cm, m=2

(f) B=30cm, m=2

图 5.7　试验断面

(a) d=30cm

(b) d=40cm

图 5.8　潜堤试验工况

潜堤试验不同入射波高 H、周期 T 及水深 d 的组合见表 5.1。

表 5.1　潜堤试验波高、周期及水位组合表

水深 d(cm)	波高 H(cm)	周期 T(s)	水深 d(cm)	波高 H(cm)	周期 T(s)
30	2.5 5.0 7.5 10.0	1.5	40	2.5 5.0 7.5 10.0	1.5
	2.5 5.0 7.5 10.0	2.5		2.5 5.0 7.5 10.0	2.5
	5.0	1.1 2.0 3.0		5.0	1.1 2.0 3.0
	10.0	1.1 2.0 3.0		10.0	1.1 2.0 3.0

当透水堤为斜坡式防波堤的形式时，试验水深取20cm一种工况(图5.9)，主要考虑透水堤为顶部不越浪的出水斜坡堤形式。分析完全由波浪透射引起的堤后波高以及堤心孔隙水压力的变化情况，得到出水堤透射系数K_{t2}以及堤心孔隙水压力分布的影响因素和计算公式，即分别对应本书的第5.6和5.7节。

图5.9　斜坡堤试验工况($d=20$cm)

斜坡堤试验不同入射波高H、周期T及水深d的组合见表5.2。

表5.2　斜坡堤试验波高、周期及水位组合表

水深d(cm)	波高H(cm)	周期T(s)
20	2.5	1.5
	5.0	
	7.5	
	2.5	2.5
	5.0	
	7.5	
	5.0	1.1
		2.0
		3.0

5.3.4　堤心石尺寸的选择

堤心石尺寸的大小主要根据重量来区分，分别选取15~25g、45~55g、90~110g以及190~210g四种不同重量的均匀块石。

上述四种不同尺寸的堤心石孔隙率均约为0.38~0.40。

当透水堤为潜堤的形式时，补充堤顶宽度$B=20$cm、防波堤坡度$m=2$的不透水断面(图5.7b)模型作为对照，其孔隙率可视为0。

5.4 模型试验结果分析方法

5.4.1 堤后波高分析方法

图5.10给出了试验水槽及物理模型试验布置示意图(以堤顶宽度 $B=20\text{cm}$、防波堤坡度 $m=2$ 的试验断面为例)。模型前后共设置15根波高仪，其中1号、2号、3号和4号波高仪位于堤前，距防波堤前坡坡脚分别为8.0m、6.0m、4.0m和2.0m，用于测量堤前反射波浪；5号和6号波高仪分别位于防波堤前坡坡脚和中点处；7号、8号和9号波高仪位于防波堤堤顶平台处，分别位于平台前沿、平台中点和平台后沿处；10号和11号波高仪分别位于防波堤后坡中点和坡脚处；12号、13号、14号和15号波高仪位于堤后，距防波堤后坡坡脚分别为2.0m、4.0m、6.0m和8.0m，用于测量透水防波堤堤后透射波高。

波浪作用于潜堤后，堤后透射波高透射系数 K_{t1} 和波浪作用于斜坡式出水堤后，不考虑越浪，仅由堤心渗流引起的堤后透射波高透射系数 K_{t2} 可分别定义为：

$$K_{t1} = \frac{H_{t1}}{H} \tag{5.35}$$

$$K_{t2} = \frac{H_{t2}}{H} \tag{5.36}$$

式中：H_{t1}、H_{t2} 分别为潜堤和透水防波堤堤后透射波高；H 为入射波高。

波高仪采集的数据采用上跨零点法进行统计分析，设置阈值以去除零线附近处的微小波动对波高统计结果的影响。

堤后透射波高 H_t 的选取原则为根据5.3.3节试验波浪条件中不同水深和周期组合计算得到的相应波长，选取距防波堤后坡坡脚一倍波长之外距离最近的波高仪(12~15号波高仪)所采集的数据作为该组试验堤后波高的统计样本，统计计算其平均波高作为代表波高，并取三次重复试验的平均值作为最终的堤后波高。当试验数据出现明显异常值时，将通过人工检查、回放试验录像的方法检查分析试验数据，判断是否存在过失误差或系统误差。

5.4.2 堤心压强分析方法

根据Oumeraci和Partenscky(1990)提出的堤心压强衰减规律的估算模型，波浪作用于透水防波堤后，堤心压强 p 可表示为

$$p = \delta p_0 \tag{5.37}$$

式中：p 为堤内任一点压强；p_0 为 $x_0=0$ 处，防波堤迎浪面处的压强；δ 为堤心压强衰减系数。

图5.11为试验断面堤心压力传感器布置示意，图中的圆心十字为压力传感器的位

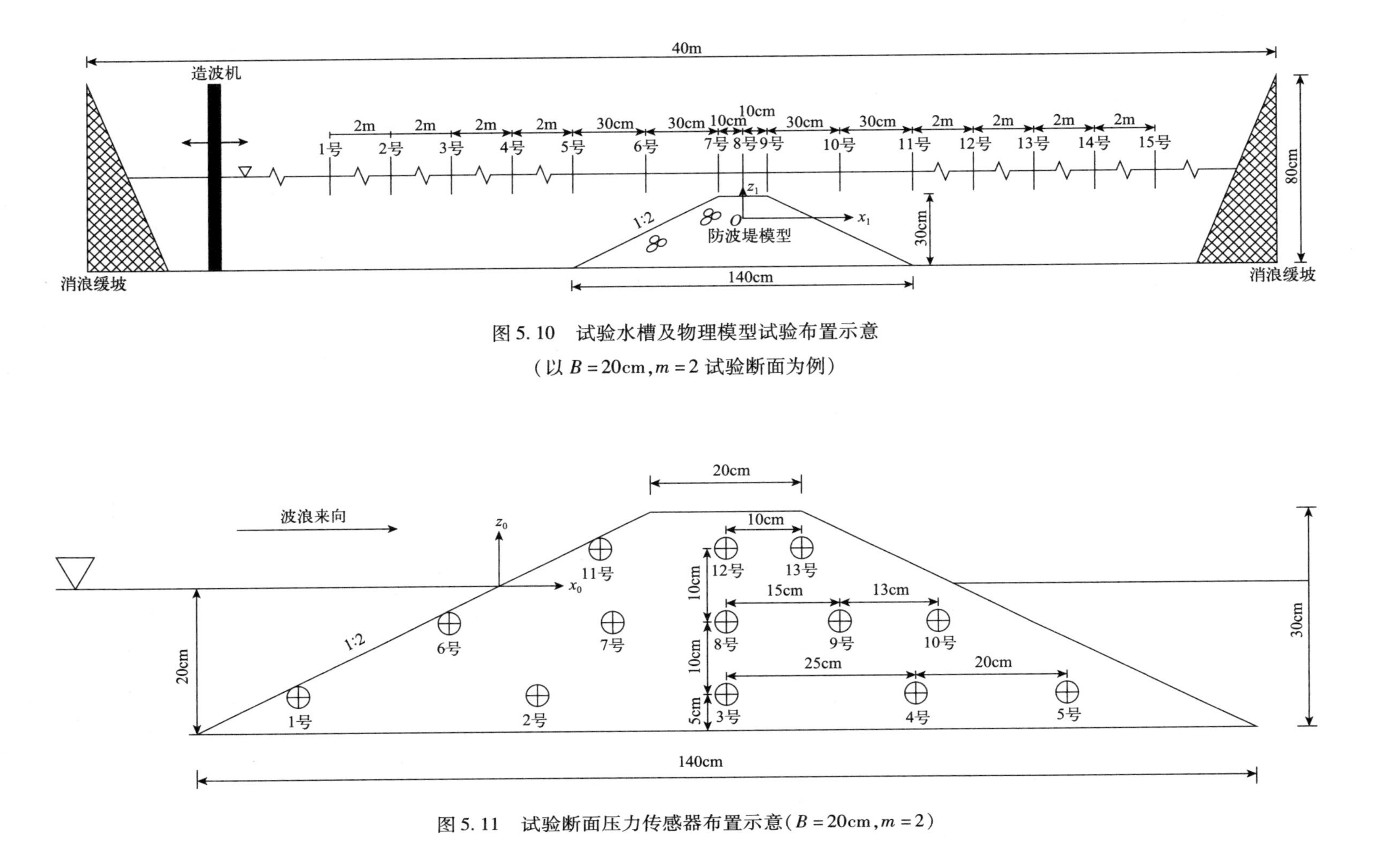

图 5.10　试验水槽及物理模型试验布置示意
（以 $B = 20\text{cm}, m = 2$ 试验断面为例）

图 5.11　试验断面压力传感器布置示意（$B = 20\text{cm}, m = 2$）

置。本次试验在堤心分三排共布置了13个压力传感器，用于测量透水防波堤堤心孔隙水压力。设堤心垂向坐标 z_0 在静水面处为零，向上为正，则1~5号传感器位于堤心最底层 $z_0=-15\text{cm}$ 处，6~10号传感器位于静水面附近 $z_0=-5\text{cm}$ 处，11~13号传感器位于静水面上方 $z_0=5\text{cm}$ 处。1号、6号和11号传感器分别位于不同堤心垂向坐标 z_0 的 $x_0=0$ 处，可视为不同堤心垂向坐标 z_0 对应的防波堤迎浪面处的压强 p_0。

各传感器堤心压强 p 的选取原则为，统计计算其波列中最大正压强的平均值作为代表压强，不考虑负压强结果，取三次重复试验的平均值作为最终的堤心压强。当试验数据出现明显异常值时，将通过人工检查、回放试验录像的方法检查分析试验数据，判断是否存在过失误差或系统误差。

5.5 透水潜堤波浪透射系数物理模型试验

潜堤透射系数 K_{t1} 的影响参数主要包括入射波浪的特性、潜堤的结构形式以及潜堤的堤心条件，如入射波高 H、入射波周期 T、入射波长 L、淹没水深 R_C、潜堤堤顶宽度 B、潜堤坡度 m、堤心石粒径 D 等。综合考虑前人的研究基础以及本书试验条件，确定无因次参数相对淹没水深 R_C/H、深水波陡 $H/(gT^2)$、相对堤顶宽度 B/L、潜堤坡度 m、堤心石相对宽度 D/H 为本节的主要分析对象。本节将根据断面模型试验结果，具体分析在规则波作用下，上述因素对潜堤堤后透射系数的影响，并据此得出潜堤透射系数的经验计算公式。

5.5.1 相同堤心条件透水潜堤透射系数

本书定义淹没水深 R_C 为潜堤堤顶到静水位的距离：

$$R_C = d - h \tag{5.38}$$

式中：R_C 为淹没水深；d 为堤前水深；h 为堤身高度。本书研究中，令堤身高度 $h=30\text{cm}$(图5.7)。

5.5.1.1 相对淹没水深对透射系数的影响

规则波作用下，潜堤堤后透射系数 K_{t1} 随相对淹没水深 R_C/H 的变化规律如图5.12和图5.13所示。其中，图5.12是在淹没水深 R_C 一定的情况下，入射波高 H 的变化对透射系数 K_{t1} 的影响；图5.13是在入射波高 H 一定的情况下，淹没水深 R_C 的变化对透射系数 K_{t1} 的影响。

图5.12中的淹没水深 R_C 为10cm。其中，图5.12(a)中的波浪入射周期 T 为1.5s，潜堤坡度 $m=2$，潜堤堤顶宽度 B 分别为10cm、20cm和30cm。图5.12(b)中的波浪入射周期 T 为1.5s，潜堤堤顶宽度 B 为20cm，潜堤坡度 m 分别为1.5、2.0、2.5和3.0。图5.12(c)中的波浪入射周期 T 为2.5s，潜堤堤顶宽度 B 为20cm，潜堤坡度 $m=2$。

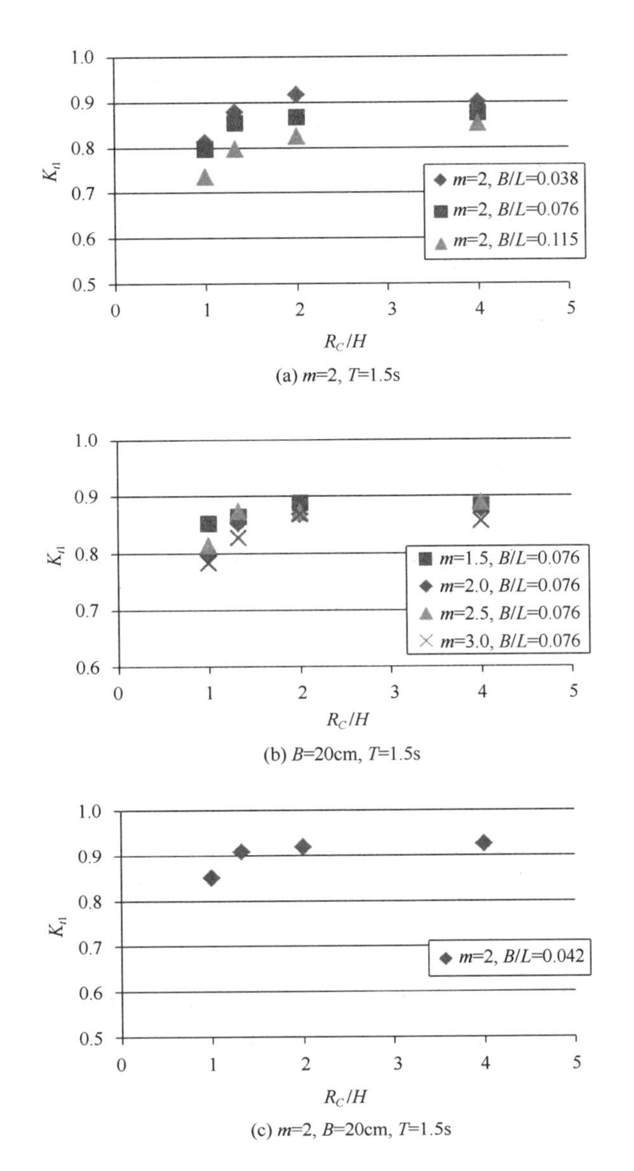

图 5.12　潜堤透射系数 K_{t1} 随相对淹没水深 R_C/H 的变化（$d=40$cm）

图 5.12 表明，在入射波周期 T 和淹没水深 R_C 一定的情况下，潜堤堤后透射系数 K_{t1} 随相对淹没水深 R_C/H 的增大呈现出增大的趋势，但当 R_C/H 增大到一定程度后，透射系数 K_{t1} 的增大幅度越来越小，当 $R_C/H \geqslant 2.0$ 时，潜堤的消浪作用已变得非常小。此时入射波高 H 较小，波浪通过潜堤时基本不发生破碎，波能集中在静水位处，基本无耗散，堤后透射波高与入射波高相差不大，因此 R_C/H 的继续增大对透射系数 K_{t1} 基本无明显影响。此外，从图中还可看出，在相对淹没水深 R_C/H 一定的情况下，透射系数 K_{t1} 随相对堤顶宽度 B/L 的增大呈现出减小的趋势，但随潜堤坡度 m 的变化不大。

图 5.13 中的潜堤坡度 $m=2$，潜堤堤顶宽度 B 为 20cm。其中，图 5.13（a）中的波浪入射波高 H 为 2.5cm，入射波周期 T 分别为 1.5s 和 2.5s。图 5.13（b）中的波浪入射

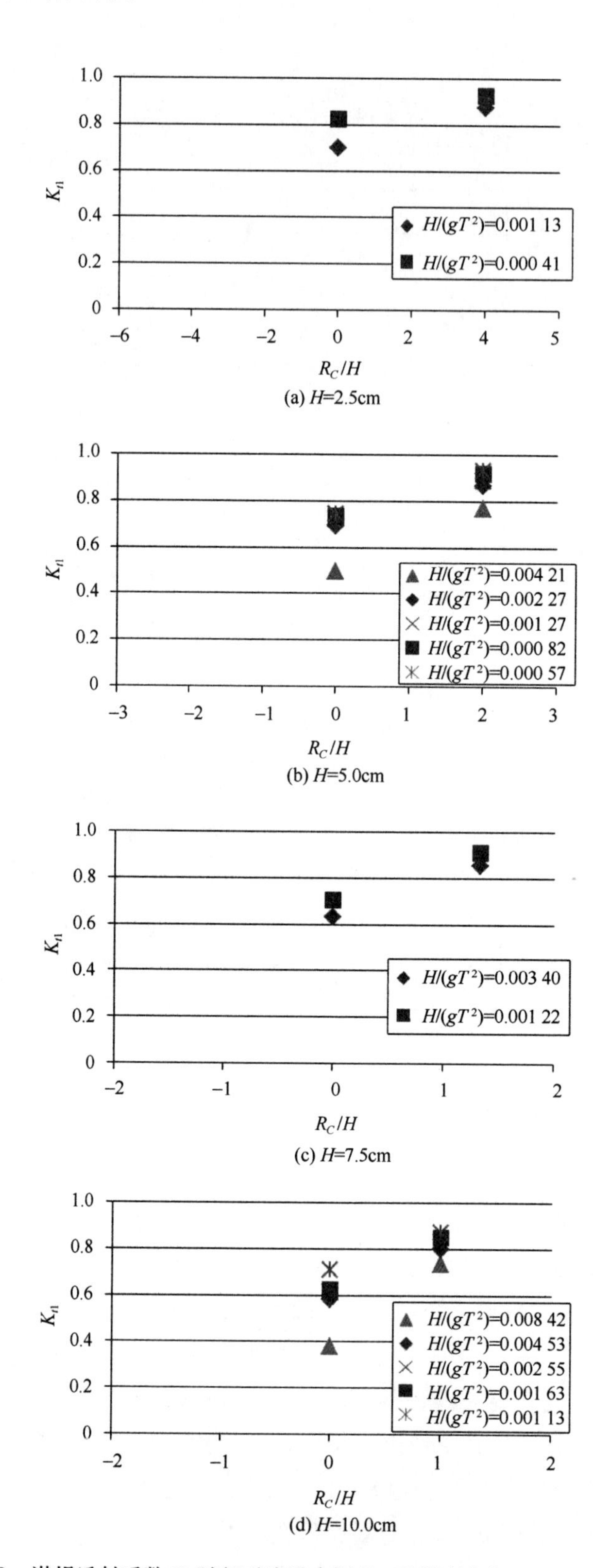

图 5.13　潜堤透射系数 K_{t1} 随相对淹没水深 R_C/H 的变化($m=2$，$B=20$cm)

波高 H 为5.0cm，入射波周期 T 分别为1.1s、1.5s、2.0s、2.5s和3.0s。图5.13(c)中的波浪入射波高 H 为7.5cm，入射波周期 T 分别为1.5s和2.5s。图5.13(d)中的波浪入射波高 H 为10.0cm，入射波周期 T 分别为1.1s、1.5s、2.0s、2.5s和3.0s。

图5.13表明，在深水波陡 $H/(gT^2)$ 一定的情况下，潜堤堤后透射系数 K_{t1} 随相对淹没水深 R_C/H 的增大呈现出增大的趋势，在堤前水深 d 为30cm即 $R_C=0$ 时，堤后透射系数 K_{t1} 有明显的减小，此时水位与防波堤堤顶平齐，波浪通过潜堤时基本全部发生破碎，波能在破碎时消耗很大，堤后透射波高明显减小。此外，从图中还可看出，在相对淹没水深 R_C/H 一定的情况下，透射系数 K_{t1} 随深水波陡 $H/(gT^2)$ 的减小呈现出增大的趋势。

5.5.1.2　深水波陡对透射系数的影响

规则波作用下，潜堤堤后透射系数 K_{t1} 随深水波陡 $H/(gT^2)$ 的变化规律如图5.14和图5.15所示。图5.14和图5.15分别是堤前水深 d 为30cm和40cm时，深水波陡 $H/(gT^2)$ 的变化对潜堤透射系数 K_{t1} 的影响。

图5.14中的淹没水深 R_C 为0cm，潜堤坡度 $m=2$。其中，图5.14(a)中的波浪入射波高 H 为5.0cm，潜堤堤顶宽度 B 为20cm。图5.14(b)中的波浪入射波高 H 为10.0cm，潜堤堤顶宽度 B 为20cm。图5.14(c)中的波浪入射周期 T 为1.5s，潜堤堤顶宽度 B 分别为10cm、20cm和30cm。图5.14(d)中的波浪入射周期 T 为2.5s，潜堤堤顶宽度 B 为20cm。

图5.14表明，在淹没水深 R_C 一定的情况下，潜堤堤后透射系数 K_{t1} 随深水波陡 $H/(gT^2)$ 的增大呈现出减小的趋势。在相同的入射波高 H 条件下，透射系数 K_{t1} 随深水波陡 $H/(gT^2)$ 的增大呈现出减小的趋势。这说明对于固定的入射波高 H，周期较大的波浪更容易透过堤身向堤后传播，这是因为长周期波浪波长较长，潜堤结构相对于长波的相对尺度变小，其耗散和反射的能量十分有限，因此透射到堤后的能量相对较大。在相同的入射波周期 T 条件下，透射系数 K_{t1} 随深水波陡 $H/(gT^2)$ 的增大呈现出减小的趋势。这说明对于固定的入射波周期 T，波高较小的波浪更容易透过堤身向堤后传播，亦可认为潜堤对波高较大的波浪的消浪效果明显。此外，从图中还可看出，在深水波陡 $H/(gT^2)$ 一定的情况下，透射系数 K_{t1} 随相对堤顶宽度 B/L 的增大呈现出减小的趋势。

图5.15中的淹没水深 R_C 为10.0cm，潜堤坡度 $m=2$。其中，图5.15(a)中的波浪入射波高 H 为5.0cm，潜堤堤顶宽度 B 为20cm。图5.15(b)中的波浪入射波高 H 为10.0cm，潜堤堤顶宽度 B 为20cm。图5.15(c)中的波浪入射周期 T 为1.5s，潜堤堤顶宽度 B 分别为10cm、20cm和30cm。图5.15(d)中的波浪入射周期 T 为2.5s，潜堤堤顶宽度 B 为20cm。

同样的，与图5.14类似，图5.15表明，在淹没水深 R_C 一定的情况下，潜堤堤后

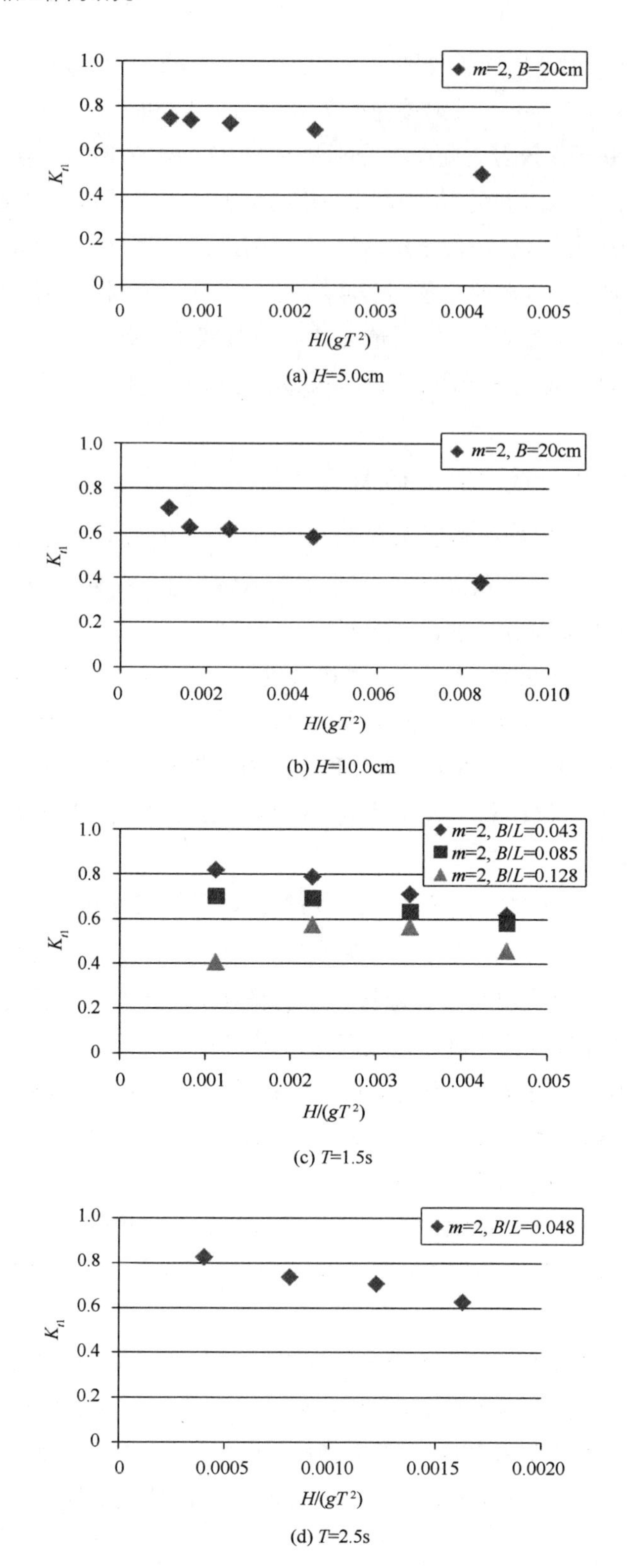

图 5.14　潜堤透射系数 K_{t1} 随深水波陡 $H/(gT^2)$ 的变化($d=30$cm)

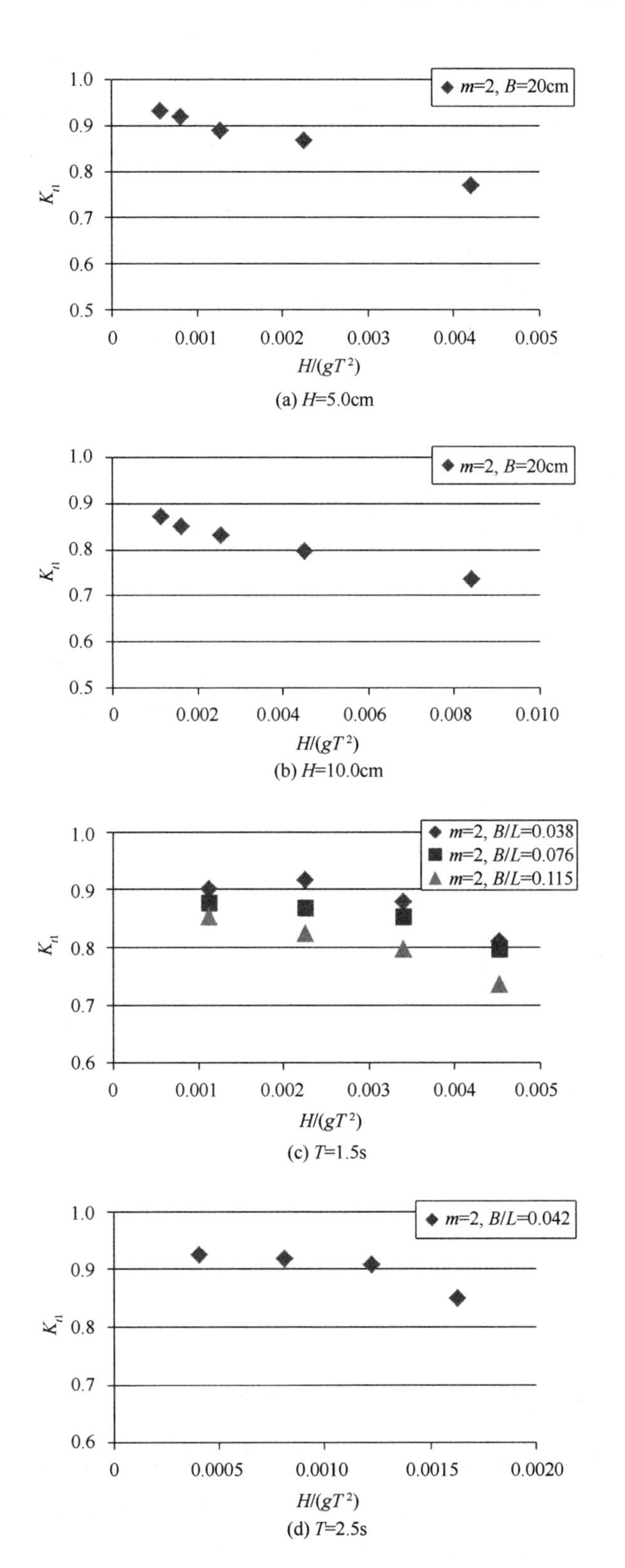

图 5.15　潜堤透射系数 K_{t1} 随深水波陡 $H/(gT^2)$ 的变化（$d=40$cm）

透射系数 K_{t1} 随深水波陡 $H/(gT^2)$ 的增大呈现出减小的趋势，且由于摩阻损失的减小，其总体上比堤前水深 d 为 30cm 即 $R_C=0$ 时的透射系数要大。在相同的入射波高 H 条件下，透射系数 K_{t1} 随深水波陡 $H/(gT^2)$ 的增大呈现出减小的趋势。这说明对于固定的入射波高 H，周期较大、波长较长的波浪更容易透过堤身向堤后传播。在相同的入射波周期 T 条件下，透射系数 K_{t1} 随深水波陡 $H/(gT^2)$ 的增大呈现出减小的趋势。这说明对于固定的入射波周期 T，波高较小的波浪更容易透过堤身向堤后传播。此外，从图中还可看出，在深水波陡 $H/(gT^2)$ 一定的情况下，透射系数 K_{t1} 随相对堤顶宽度 B/L 的增大呈现出减小的趋势。

5.5.1.3 相对堤顶宽度对透射系数的影响

规则波作用下，潜堤堤后透射系数 K_{t1} 随相对堤顶宽度 B/L 的变化规律如图 5.16 和图 5.17 所示。图 5.16 和图 5.17 分别是堤前水深 d 为 30cm 和 40cm 时，相对堤顶宽度 B/L 的变化对潜堤透射系数 K_{t1} 的影响。

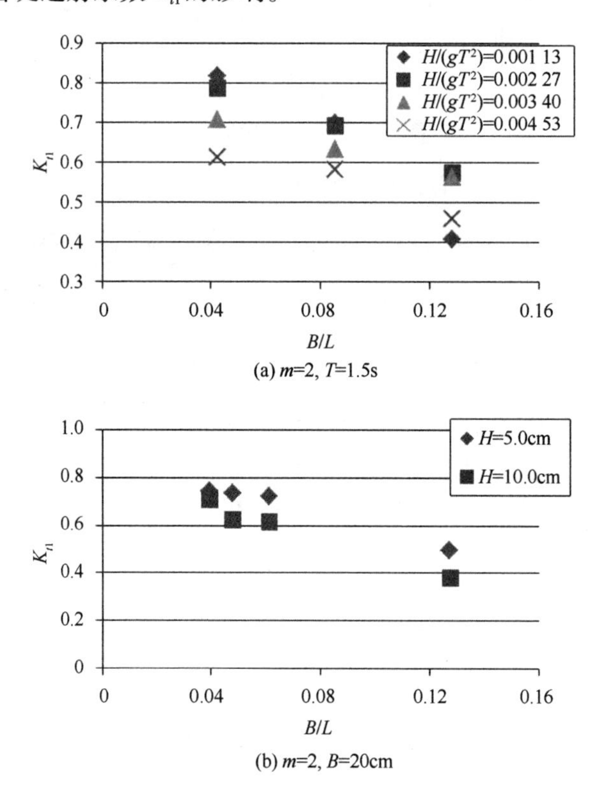

图 5.16 潜堤透射系数 K_{t1} 随相对堤顶宽度 B/L 的变化（$d=30$cm）

图 5.16(a)和图 5.17(a)中的波浪入射周期 T 为 1.5s，潜堤坡度 $m=2$，入射波高 H 分别为 2.5cm、5.0cm、7.5cm 和 10.0cm。图 5.16(b)和图 5.17(b)中的潜堤坡度 $m=2$，潜堤堤顶宽度 B 为 20cm，入射波高 H 分别为 5.0cm 和 10.0cm。

图 5.16 和图 5.17 表明，在淹没水深 R_C 一定的情况下，潜堤堤后透射系数 K_{t1} 随相对

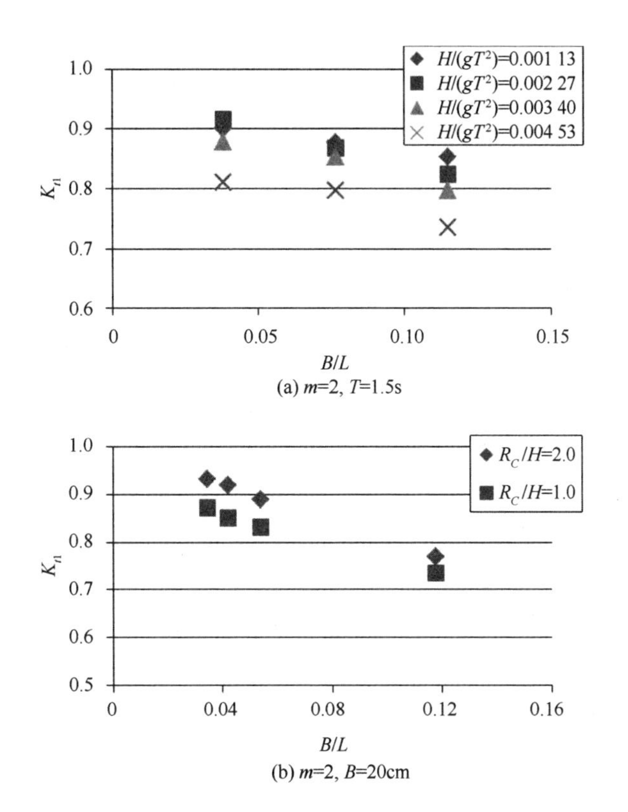

图 5.17　潜堤透射系数 K_{t1} 随相对堤顶宽度 B/L 的变化($d=40$cm)

堤顶宽度 B/L 的增大呈现出减小的趋势。在相同的入射波周期 T 即相同的入射波长 L 条件下，透射系数 K_{t1} 随相对堤顶宽度 B/L 的增大呈现出减小的趋势。这说明对于固定的入射波长 L，潜堤堤顶宽度 B 越大，其沿程对波浪损耗作用的时间越长，波浪破碎越剧烈，因此堤后透射波高越小，低水位时这种损耗作用更为显著。在相同的潜堤堤顶宽度 B 条件下，入射波周期 T 越大即入射波长 L 越大，潜堤结构相对于波长的相对尺度越小，其耗散和反射的能量越有限，因此波浪越容易透过堤身向堤后传播，即周期较大、波长较长的波浪更容易透过堤身向堤后传播。此外，从图中还可看出，在相对堤顶宽度 B/L 一定的情况下，透射系数 K_{t1} 随深水波陡 $H/(gT^2)$ 的增大呈现出减小的趋势。

5.5.1.4　潜堤坡度对透射系数的影响

规则波作用下，潜堤堤后透射系数 K_{t1} 随坡度 m 的变化规律如图 5.18 和图 5.19 所示。图 5.18 和图 5.19 是堤前水深 d 分别为 30cm 和 40cm 时，潜堤坡度 m 的变化对潜堤透射系数 K_{t1} 的影响。

图 5.18 和图 5.19 中的波浪入射周期 T 为 1.5s，潜堤堤顶宽度 B 为 20cm，入射波高 H 分别为 2.5cm、5.0cm、7.5cm 和 10.0cm。

图 5.18 和图 5.19 表明，在淹没水深 R_C 一定的情况下，低水位时，潜堤堤后透射系数 K_{t1} 随坡度 m 的增大呈现出减小的趋势；高水位时，透射系数 K_{t1} 随坡度 m 变化不

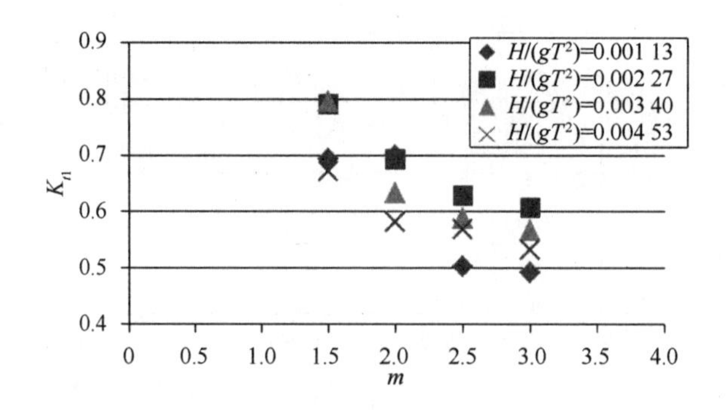

图 5.18　潜堤透射系数 K_{t1} 随潜堤坡度 m 的变化($d=30$cm)

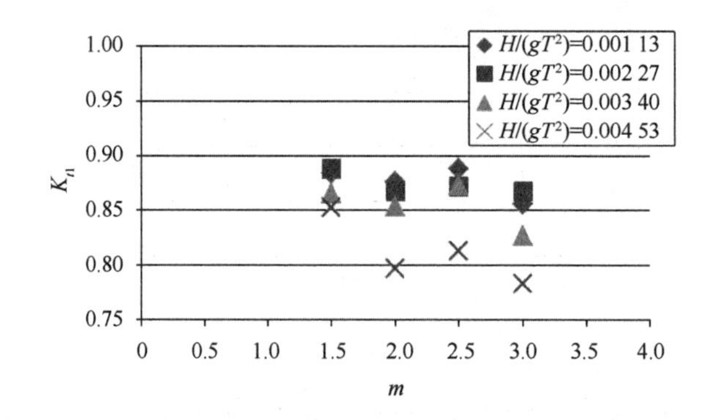

图 5.19　潜堤透射系数 K_{t1} 随潜堤坡度 m 的变化($d=40$cm)

大，只有当入射波高 H 为 10.0cm 时，透射系数 K_{t1} 随坡度 m 的增大才略有减小。由此可见，潜堤坡度 m 对低水位的影响比高水位更大，即相对淹没水深 R_C/H 较小时，潜堤坡度 m 的影响才逐渐显现出来。这是由于低水位时，潜堤坡度 m 的变化直接影响了堤顶前沿水深和堤身摩阻作用距离的大小。坡度 m 越大，堤顶前沿水深越小，堤身对波浪的摩阻作用距离越长，波浪能量损耗越大，堤后透射波高越小；坡度 m 越小，堤顶前沿水深越大，堤身对波浪的摩阻作用距离较短，波浪不易发生破碎，甚至可直接越过堤顶，因此堤后透射波高越大。而对于高水位，相较于堤顶前沿水深的影响，潜堤堤顶宽度 B 对波浪的摩阻损耗作用占据主导地位，因此在堤顶宽度 B 相同的情况下，堤后透射系数 K_{t1} 随潜堤坡度 m 的增大变化不大。此外，从图中还可看出，在潜堤坡度 m 一定的情况下，透射系数 K_{t1} 随深水波陡 $H/(gT^2)$ 的增大呈现出减小的趋势。

5.5.2　不同堤心条件透水潜堤透射系数

5.5.1 节中潜堤堤后透射系数 K_{t1} 的影响因素分析是针对堤心石为 90 ~ 110g 的均匀块石条件进行的。为研究不同堤心条件对潜堤堤后透射系数的影响，针对堤顶宽度 $B=20$cm，防波堤坡度 $m=2$ 的基准断面(图 5.7b)，增加不透水堤心以及堤心石分别为 15 ~ 25g、45 ~ 55g 和 190 ~ 210g 的均匀块石的堤心条件作为对照，与 5.5.1 节堤心石为

90～110g的均匀块石的试验结果进行对比分析。

定义堤心石粒径 D 为根据已知块石重量和球体体积公式计算得到的等效直径，如式(5.39)所示：

$$D = 2 \times \sqrt[3]{\frac{3M}{4\pi\rho_s}} \tag{5.39}$$

式中：M 为堤心石重量；ρ_s 为堤心石密度。

规则波作用下，潜堤堤后透射系数 K_{t1} 随潜堤堤心条件的变化规律如图5.20和图5.21所示。图5.20和图5.21分别是堤前水深 d 为30cm和40cm时，潜堤堤心条件的变化对潜堤透射系数 K_{t1} 的影响。

图5.20表明，在堤前水深 d 为30cm，即水深与堤顶平齐时，潜堤堤后透射系数 K_{t1} 随堤心石重量的增大，即随堤心石粒径 D 的增大总体呈现出增大的趋势。这是由于低水位时，潜堤的堤后透射波高主要由堤顶越浪和堤心透射两部分因素组成，相同入射波条件下，堤顶越浪基本相同，堤心石粒径 D 越大，则堤心石之间的孔隙越大，通过堤心渗流作用对波浪的损耗越不明显，渗透传递到堤后的能量越大，因此堤后波高越大。然而，这种由堤心透射程度不同引起的堤后透射波高的差异有限，透射系数 K_{t1} 随堤心石重量的增大而增大的幅度较小。当堤心条件为不透水或堤心石粒径 D 很小时(15～25g堤心石)，由于堤心渗透作用越来越小，潜堤对入射波浪的反射作用逐渐显现出来，尤其是在低水位时，大部分入射能量被潜堤反射，造成堤后波高较其他堤心条件明显减小。当入射波高较小时(H=2.5cm)，由于水位较低(与潜堤堤顶平齐)，此时潜堤越浪量很小，波高较小的波浪基本无法越过潜堤，反射现象更加明显，造成堤后波高较其他波浪条件再次明显减小，同时也从侧面反映出由堤顶越浪不同引起的堤后透射波高的差异较堤心透射引起的更为显著。此外，从图中还可看出，5.5.1节总结出的堤心石为90～110g的均匀块石时，潜堤堤后透射系数的影响参数及其影响规律在不同堤心条件下仍基本适用。

图5.21表明，在堤前水深 d 为40cm时，潜堤堤后透射系数 K_{t1} 随堤心石重量的增大，即堤心石粒径 D 的增大总体呈现出减小的趋势，但较低水位时，该趋势较不明显。这是由于高水位时，潜堤的堤后透射波高主要由堤顶越浪引起，由堤心透射不同引起的堤后透射波高的差异有限。其中堤心渗流可以认为由纵向和垂向两部分组成，纵向渗流表现为能量从堤前传递到堤后，堤后能量增大；垂向渗流表现为能量从堤顶传递到堤心，堤后能量减小。两种渗流方式作用效果相反，一定程度上相互抵消。从试验结果上看，堤心石粒径 D 越大，则堤心石之间的孔隙越大，通过渗透作用传递到堤心，并在此范围内损耗的能量越多，剩余传递到堤后的能量虽比堤心石较小情况下要大些，但因损耗的总量较大而致堤后波高较小。同时粒径较大的块石的堤顶摩阻损耗较粒径较小的块石以及不透水堤顶略大，这也造成堤后波高略有减小。然而这种由堤心透射程度不同引起的堤后透射波高的差异较堤顶越浪水体而言同样有限，且两种渗流方式

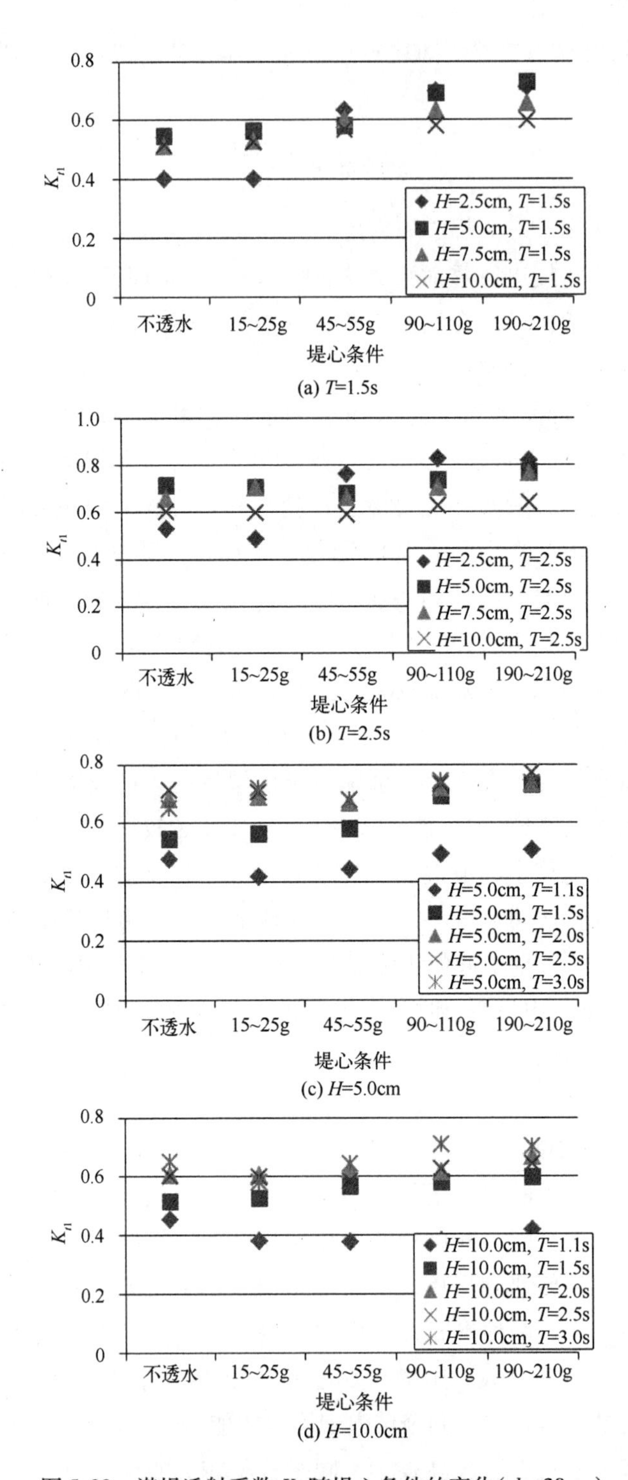

图 5.20　潜堤透射系数 K_{t1} 随堤心条件的变化($d=30$cm)

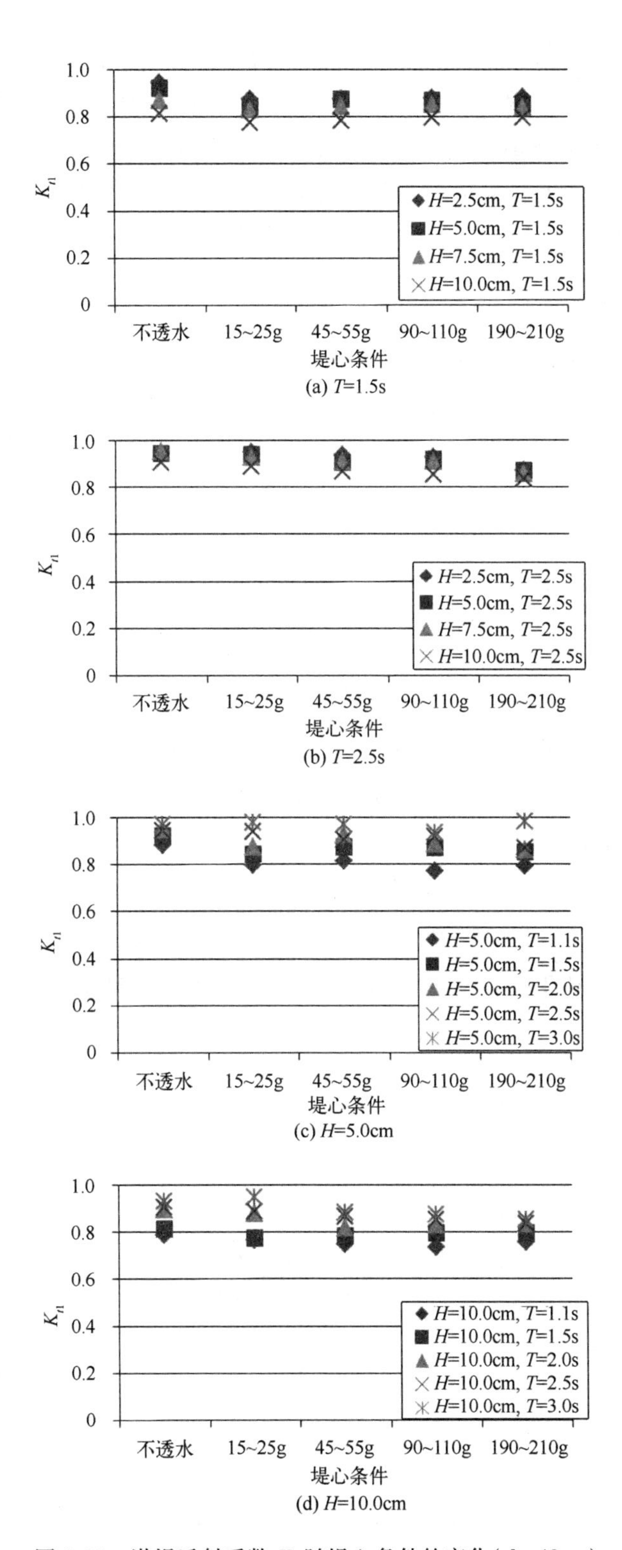

图5.21　潜堤透射系数K_{t1}随堤心条件的变化($d=40$cm)

的抵消效果使这种差异较低水位时更不明显，因此导致潜堤透射系数 K_{t1} 随堤心石重量的增大仅仅略有减小。当堤心条件为不透水或堤心石粒径 D 很小时(15 ~25g 堤心石)，由于堤心渗透作用越来越小，尤其是垂向渗流能量从堤顶传递到堤心的减小，甚至被堤顶反射，造成透射系数较其他堤心条件略有增大。此外从图中还可看出，5.5.1 节总结出的堤心石为 90 ~110g 的均匀块石时，潜堤堤后透射系数的影响参数及其影响规律在不同堤心条件下仍基本适用。

5.5.3 潜堤透射系数计算公式

根据 5.5.1 节相同堤心条件的影响因素分析和 5.5.2 节不同堤心条件对潜堤堤后透射系数的影响，结合断面试验实测数据，以堤心石粒径 D 作为主要影响因素之一进行分析，引入堤心石相对宽度 D/H，从而得到不透水堤心以及堤心石分别为 15 ~25g、45 ~55g、90 ~110g 和 190 ~210g 的均匀块石条件下，潜堤堤后透射系数 K_{t1} 的计算公式为

$$K_{t1} = 1 - \exp\left[-0.7 \times \frac{R_C}{H} - \frac{0.9}{m} - 0.05 \times \left(\frac{D}{H}\right)^3\right] \times \mathrm{th}\left(22 \times \frac{H}{gT^2} + 10 \times \frac{B}{L}\right) \tag{5.40}$$

式中：K_{t1} 为潜堤堤后透射系数；R_C 为淹没水深；H 为入射波高；m 为潜堤坡度；D 为堤心石粒径，对于不透水堤心，可取 $D=0$；T 为入射波周期；B 为潜堤堤顶宽度；L 为入射波长；g 为重力加速度。

式(5.40)中各无因次影响参数的取值范围为：$0.041 \leqslant 100H/(gT^2) \leqslant 0.842$，$0 \leqslant R_C/H \leqslant 4$，$0.035 \leqslant B/L \leqslant 0.127$，$0 \leqslant D/H \leqslant 2.07$，$1.5 \leqslant m \leqslant 3$。

图 5.22 给出了规则波作用下，不同堤心条件下潜堤堤后透射系数 K_{t1} 计算值与试验实测值的相关关系。图中计算值与实测值的相关系数 R 为 0.9332，计算值与实测值吻合良好。

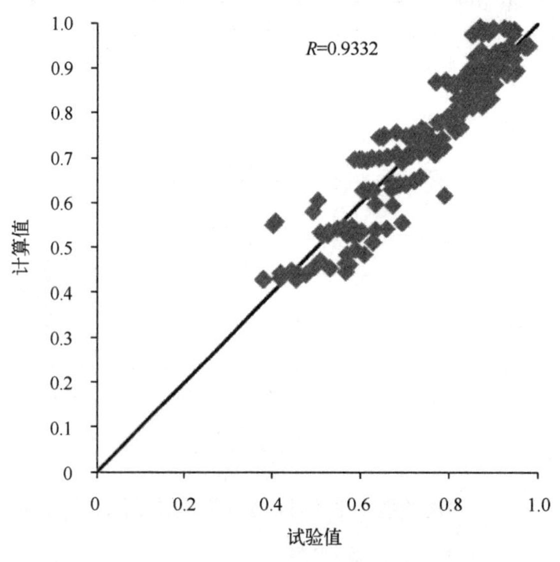

图 5.22　潜堤透射系数计算值与试验值相关关系

5.6　出水抛石堤波浪透射系数物理模型试验

出水抛石堤(或称透水防波堤)透射系数 K_{t2} 的影响参数主要包括入射波浪的特性、透水防波堤的结构形式以及堤心石的尺寸，如入射波高 H、入射波周期 T、防波堤堤顶宽度 B、防波堤坡度 m、堤心石粒径 D 等。综合考虑前人的研究基础以及本书试验条件，确定无因次参数深水波陡 $H/(gT^2)$ 和堤身相对宽度 B_{swl}/D 为本节的主要分析对象。本节将根据断面模型试验结果，具体分析在规则波作用下，上述两个因素对透水防波堤堤后透射系数的影响，并据此得出透水防波堤透射系数的经验计算公式。

5.6.1　透水防波堤透射系数

本书定义等效堤身宽度(或称静水位处堤宽) B_{swl} 为综合考虑防波堤堤顶宽度 B、防波堤坡度 m 和出水高度 R_C(此时防波堤为出水堤，$R_C=h-d$)的静水位处对应的堤身宽度，如式(5.41)所示：

$$B_{swl} = B + 2m \cdot R_C \tag{5.41}$$

式中：B_{swl} 为等效堤身宽度；B 为防波堤堤顶宽度；m 为防波堤坡度；R_C 为出水高度。根据5.3.3节试验组次安排，本节中出水高度 R_C 均为10.0cm。

5.6.1.1　深水波陡对透射系数的影响

规则波作用下，透水防波堤堤后透射系数 K_{t2} 随深水波陡 $H/(gT^2)$ 的变化规律如图5.23至图5.25所示。

图5.23中的等效堤身宽度 B_{swl} 为60cm，堤心石分别为15～25g、45～55g、90～110g和190～210g的均匀块石。其中，图5.23(a)中的波浪入射波高 H 为5.0cm，入射波周期 T 为1.1s、1.5s、2.0s、2.5s和3.0s；图5.23(b)中的波浪入射周期 T 为1.5s，入射波高 H 为2.5cm、5.0cm和7.5cm；图5.23(c)中的波浪入射周期 T 为2.5s，入射波高 H 为2.5cm、5.0cm和7.5cm。

图5.23表明，在出水高度 R_C 一定的情况下，对于特定的堤身相对宽度 B_{swl}/D，透水防波堤堤后透射系数 K_{t2} 随深水波陡 $H/(gT^2)$ 的增大呈现出减小的趋势。在相同的入射波高 H 条件下，透射系数 K_{t2} 随深水波陡 $H/(gT^2)$ 的增大呈现出减小的趋势。这说明对于固定的入射波高 H，周期较大的波浪更容易透过堤身向堤后传播。在相同的入射波周期 T 条件下，透射系数 K_{t2} 随深水波陡 $H/(gT^2)$ 的增大呈现出减小的趋势。这说明对于固定的入射波周期 T，波高较小的波浪更容易透过堤身向堤后传播。此外，从图中还可看出，在深水波陡 $H/(gT^2)$ 一定的情况下，透射系数 K_{t2} 随堤身相对宽度 B_{swl}/D 的增大呈现出减小的趋势，且随着入射波周期 T 的减小，透射系数 K_{t2} 随堤心石尺寸变化不大，即堤心石尺寸对波浪透射传播的影响逐渐减小。

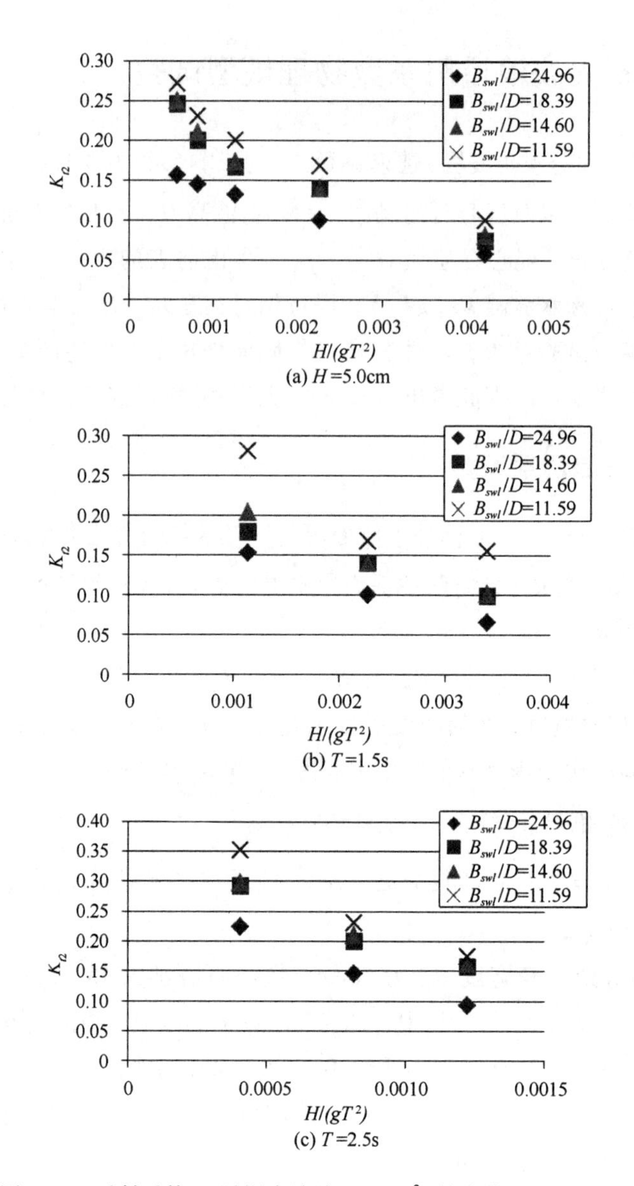

图 5.23　透射系数 K_{t2} 随深水波陡 $H/(gT^2)$ 的变化（B_{swl} =60cm）

图 5.24 中的波浪入射波周期 T 为 1.5s，防波堤堤顶宽度 B 为 20cm，堤心石为 90～110g 的均匀块石，入射波高 H 为 2.5cm、5.0cm 和 7.5cm。其中，图 5.24(a)中的防波堤坡度 $m=1.5$；图 5.24(b)中的防波堤坡度 $m=2.5$；图 5.24(c)中的防波堤坡度 $m=3.0$。

图 5.24 同样表明，在出水高度 R_C、堤心石粒径 D 和防波堤堤顶宽度 B 一定的情况下，对于不同的防波堤坡度 m，即不同的等效堤身宽度 B_{swl}，透水防波堤堤后透射系数 K_{t2} 随深水波陡 $H/(gT^2)$ 的增大仍呈现出减小的趋势。

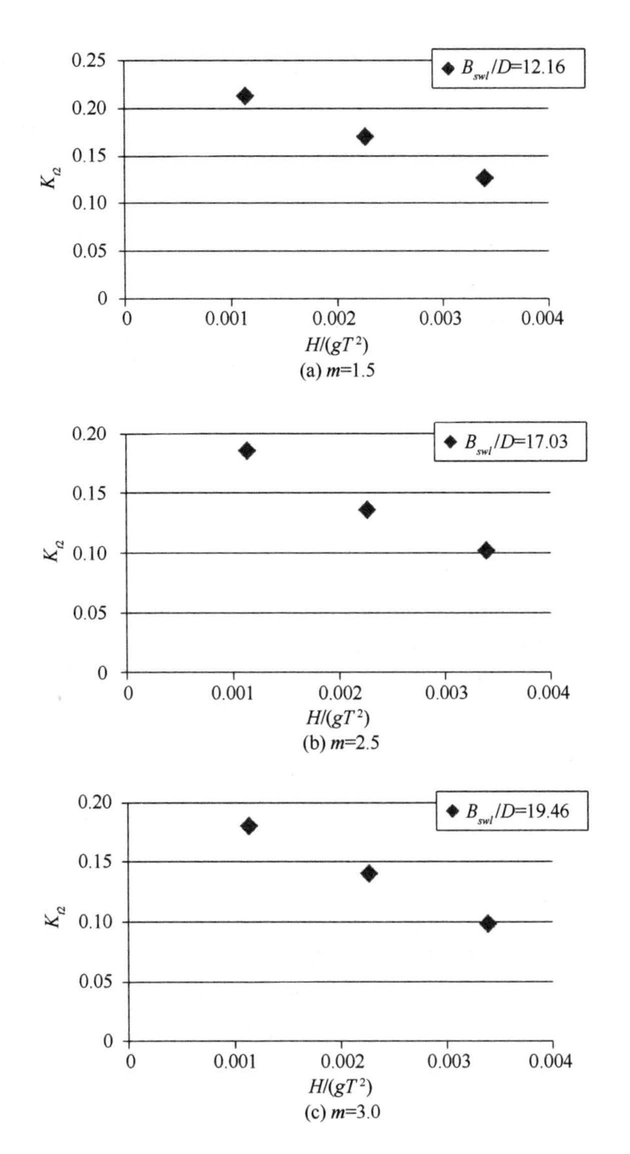

图5.24　透射系数K_{t2}随深水波陡$H/(gT^2)$的变化($T=1.5$s)

图5.25给出了堤心石分别为15～25g、45～55g、90～110g和190～210g的均匀块石时，透水防波堤堤后透射系数K_{t2}的所有试验实测结果随深水波陡$H/(gT^2)$的变化关系。

从图中可以看出，透射系数K_{t2}随深水波陡$H/(gT^2)$的增大基本以乘幂的关系减小，且随着深水波陡$H/(gT^2)$的增大，透射系数K_{t2}随堤心石尺寸变化不大，即堤心石尺寸对波浪透射传播的影响逐渐减小。以深水波陡$H/(gT^2)$为横坐标x，透水防波堤透射系数K_{t2}为纵坐标y，根据乘幂关系$y=\alpha x^{\beta}$，拟合透射系数K_{t2}关于深水波陡$H/(gT^2)$的计算公式，求得系数$\alpha=0.007$，$\beta=-0.473$，相关系数$R=0.8377$。

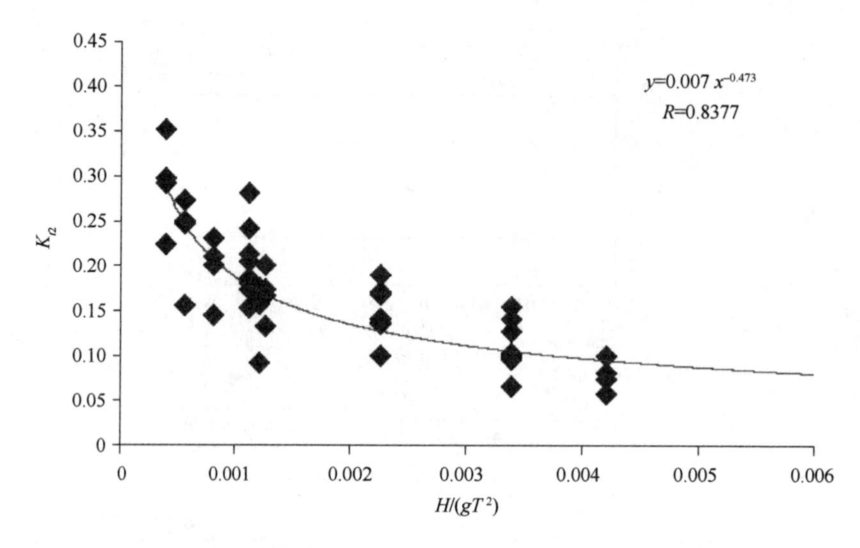

图 5.25　透水防波堤透射系数 K_{t2} 随深水波陡 $H/(gT^2)$ 的变化

5.6.1.2　堤身相对宽度对透射系数的影响

规则波作用下，透水防波堤堤后透射系数 K_{t2} 随堤身相对宽度 B_{swl}/D 的变化规律如图 5.26 和图 5.27 所示。

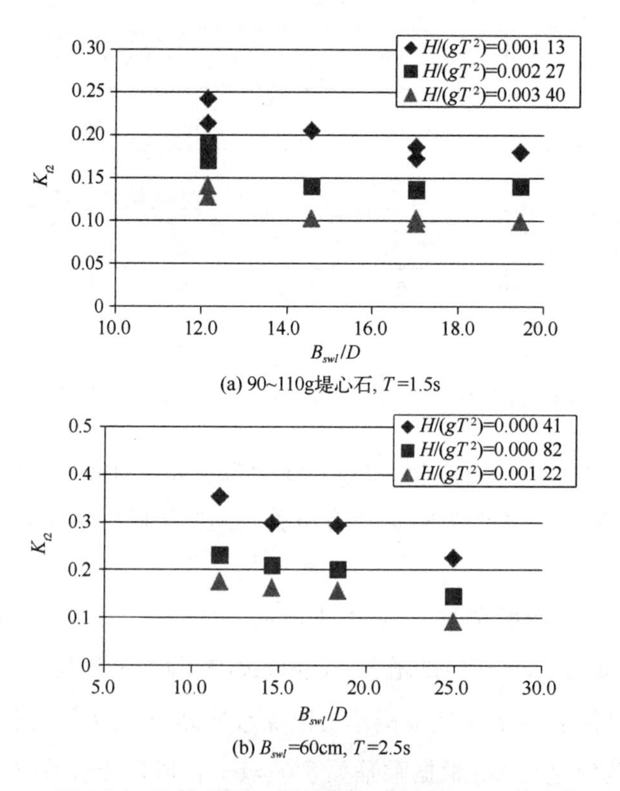

图 5.26　透射系数 K_{t2} 随堤身相对宽度 B_{swl}/D 的变化

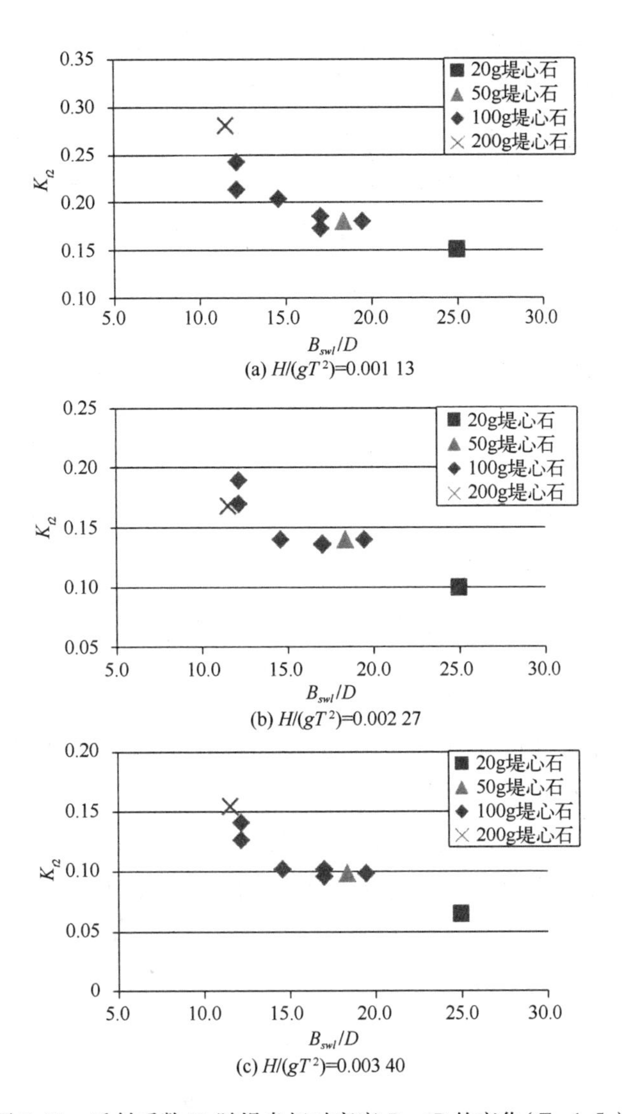

图5.27　透射系数K_{t2}随堤身相对宽度B_{swl}/D的变化($T=1.5$s)

图5.26(a)中的波浪入射波周期T为1.5s，堤心石为90～110g，入射波高H分别为2.5cm、5.0cm和7.5cm。图5.26(b)中的波浪入射波周期T为2.5s，等效堤身宽度B_{swl}为60cm，入射波高H分别为2.5cm、5.0cm和7.5cm。

图5.26表明，在出水高度R_C一定的情况下，对于特定的深水波陡$H/(gT^2)$，透水防波堤堤后透射系数K_{t2}随堤身相对宽度B_{swl}/D的增大呈现出减小的趋势。对于相同的堤心石粒径D，透射系数K_{t2}随堤身相对宽度B_{swl}/D的增大呈现出减小的趋势。这是由于对于固定的堤心石粒径D，等效堤身宽度B_{swl}越大，堤心对波浪沿程损耗作用的时间越长，波浪破碎越充分，堤后透射波高越小。对于相同的等效堤身宽度B_{swl}，透射系数K_{t2}随堤身相对宽度B_{swl}/D的增大呈现出减小的趋势。这是由于对于固定的等效堤身宽度B_{swl}，粒径越小的堤心石，堤心石之间的孔隙越小，入射波浪越容易以充分破碎的

渗流的形式透过堤身，而非保持原有的波浪形态，同时堤前反射作用逐渐加强，这些都将造成堤后透射波高减小。此外，从图中还可看出，在堤身相对宽度 B_{swl}/D 一定的情况下，透射系数 K_{t2} 随深水波陡 $H/(gT^2)$ 的增大呈现出减小的趋势。

图 5.27 中的波浪入射波周期 T 为 1.5s，堤心石分别是 15～25g、45～55g、90～110g 和 190～210g 的均匀块石。其中，图 5.27(a) 中的波浪入射波高 H 为 2.5cm；图 5.27(b) 中的波浪入射波高 H 为 5.0cm；图 5.27(c) 中的波浪入射波高 H 为 7.5cm。

图 5.27 同样表明，在出水高度 R_C 一定的情况下，对于特定的深水波陡 $H/(gT^2)$，透水防波堤堤后透射系数 K_{t2} 随堤身相对宽度 B_{swl}/D 的增大同样呈现出减小的趋势。

5.6.2 透水防波堤透射系数计算公式

根据 5.6.1 节的影响因素分析和断面试验实测数据，可以得到不同均匀堤心石条件下，透水防波堤堤后透射系数 K_{t2} 的计算公式为

$$K_{t2} = 0.05 \times \left(\frac{H}{gT^2}\right)^{-0.45} \times \left(\frac{B_{swl}}{D}\right)^{-0.63} \tag{5.42}$$

式中：K_{t2} 为透水防波堤堤后透射系数；B_{swl} 为等效堤身宽度。

式(5.42) 中各无因次影响参数的取值范围为：$0.041 \leqslant 100H/(gT^2) \leqslant 0.421$，$11.59 \leqslant B_{swl}/D \leqslant 24.96$。

图 5.28 给出了规则波作用下，透水防波堤堤后透射系数 K_{t2} 计算值与试验实测值的相关关系。图中计算值与实测值的相关系数 R 为 0.9541，残差平方和 SSE 为 0.0188，计算值与实测值吻合良好。

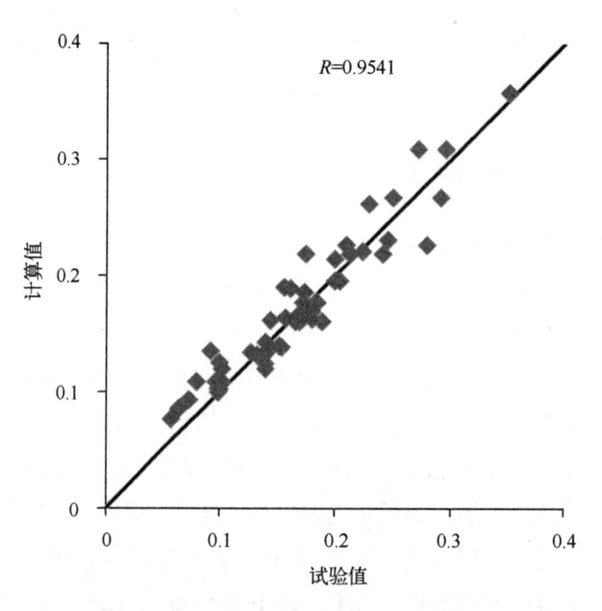

图 5.28 透水防波堤透射系数计算值与试验值相关关系

5.7　透水防波堤堤心压强物理模型试验

由5.4.2节可知，波浪作用于透水防波堤上，堤心压强p可表示为

$$p = \delta p_0 \tag{5.43}$$

式中：p为堤内任一点压强；p_0为$x_0=0$处，防波堤迎浪面处的压强；δ为堤心压强衰减系数。

由于防波堤的结构形式(主要是防波堤的堤顶宽度B以及防波堤坡度m等)主要影响的是防波堤迎浪面处的压强p_0，透水防波堤堤心压强衰减系数δ的影响参数主要包括入射波浪的特性以及堤心石的尺寸，如入射波高H、入射波周期T、堤心石粒径D、沿堤心的横向坐标值x_0等。综合考虑前人的研究基础以及本书试验条件，确定无因次参数深水波陡$H/(gT^2)$和x方向相对位置x_0/D为本节的主要分析对象。本节将根据断面模型试验结果，具体分析在规则波作用下，上述两个因素对透水防波堤堤心压强衰减系数δ的影响，并据此得出透水防波堤堤内各点压强的经验计算公式。

5.7.1　透水防波堤堤心压强

5.7.1.1　深水波陡对堤心压强的影响

图5.11为试验断面堤心压力传感器布置示意。规则波作用下，透水防波堤堤心相对压强$p/(\rho gH)$随深水波陡$H/(gT^2)$的变化规律如图5.29和图5.30所示。

图5.29给出了堤心石为15～25g的均匀块石时，1～13号传感器测得的相对堤心压强$p/(\rho gH)$随深水波陡$H/(gT^2)$的变化过程(因1号、6号、11号传感器处于波浪抨击面，数据随机性较大，故本文未作分析，图5.30同理)。

图5.29表明，在相对位置x_0/D一定的情况下，即对于同一堤心石条件下的同一传感器，所测得的相对堤心压强$p/(\rho gH)$随深水波陡$H/(gT^2)$的增大基本呈现出指数衰减的趋势，即对于固定的入射波周期T，波高较大的波浪其相对堤心压强$p/(\rho gH)$较小；对于固定的入射波高H，周期较大的波浪其相对堤心压强$p/(\rho gH)$较大，且静水位附近(7～10号传感器)堤内压强的衰减趋势较底层处更为剧烈。此外，从图中还可看出，在深水波陡$H/(gT^2)$一定的情况下，相对堤心压强$p/(\rho gH)$随相对位置x_0/D的增大明显呈现出减小的趋势，这说明对于同一堤心石条件，随着波浪深入防波堤内部，即沿堤心的横向坐标值x_0越大，由于堤心石的衰减作用，堤心对波浪沿程损耗作用的时间越长，能量损耗越大，因此透水防波堤前部(迎浪面)的压强要远大于防波堤中部及后部(背浪面)的压强。

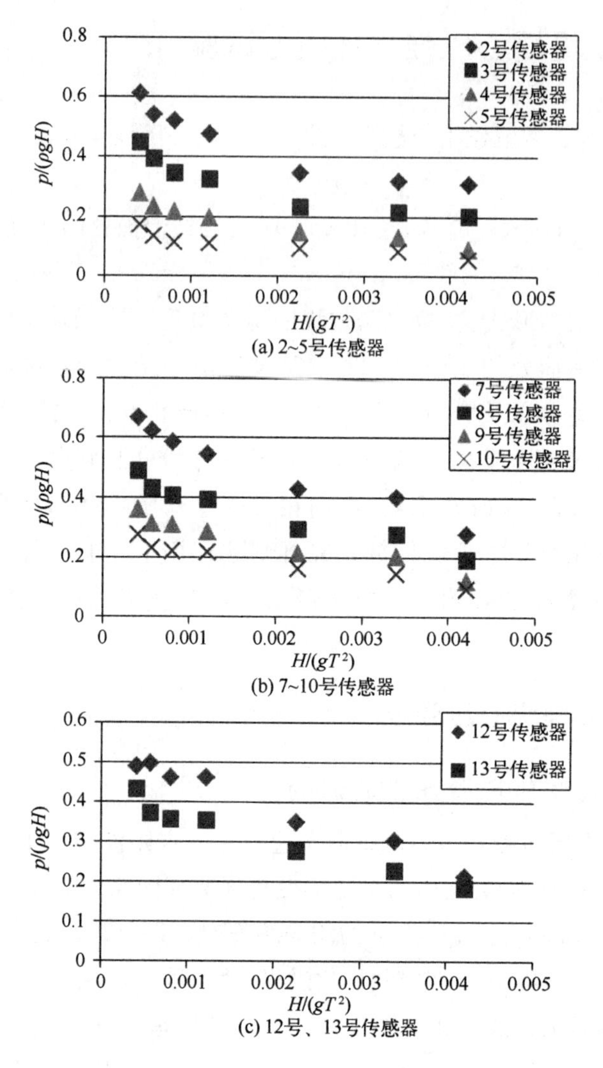

图 5.29　堤心压强 $p/(\rho gH)$ 随深水波陡 $H/(gT^2)$ 的变化(15 ~ 25g 堤心石)

图 5.30 给出了堤心石分别为 45 ~ 55g、90 ~ 110g 和 190 ~ 210g 的均匀块石时，静水面附近 7 ~ 10 号传感器测得的相对堤心压强 $p/(\rho gH)$ 随深水波陡 $H/(gT^2)$ 的变化过程。

由图 5.29(b) 和图 5.30 可以看出，对于特定的堤心石条件，同一传感器所测得的相对堤心压强 $p/(\rho gH)$ 随深水波陡 $H/(gT^2)$ 的增大均呈现出指数衰减的趋势。此外，从图中还可看出，在深水波陡 $H/(gT^2)$ 一定的情况下，相对堤心压强 $p/(\rho gH)$ 随相对位置 x_0/D 的增大明显呈现出减小的趋势。

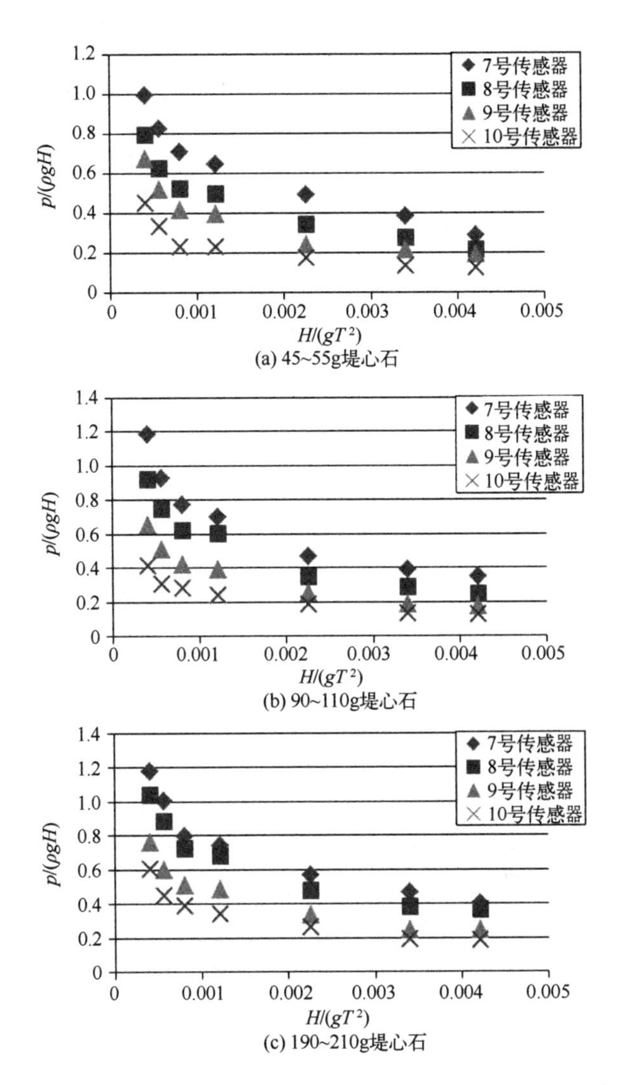

图5.30　特定堤心石条件下堤心压强 $p/(\rho gH)$ 随深水波陡 $H/(gT^2)$ 的变化

5.7.1.2　相对位置对堤心压强影响

规则波作用下，透水防波堤堤心相对压强 $p/(\rho gH)$ 随相对位置 x_0/D 的变化规律如图5.31和图5.32所示。

图5.31给出了堤心石为15～25g的均匀块石时，1～13号传感器测得的相对堤心压强 $p/(\rho gH)$ 随相对位置 x_0/D 的变化过程。

图5.31表明，在深水波陡 $H/(gT^2)$ 一定的情况下，对于特定的水深处的同一层传感器，所测得的相对堤心压强 $p/(\rho gH)$ 随相对位置 x_0/D 的增大呈现出减小的趋势，且静水位处堤内压强的衰减趋势较底层处更为剧烈。这说明透水防波堤前部(迎浪面)的压强要远大于防波堤中部及后部(背浪面)的压强，且随着向防波堤内部深入，即沿堤

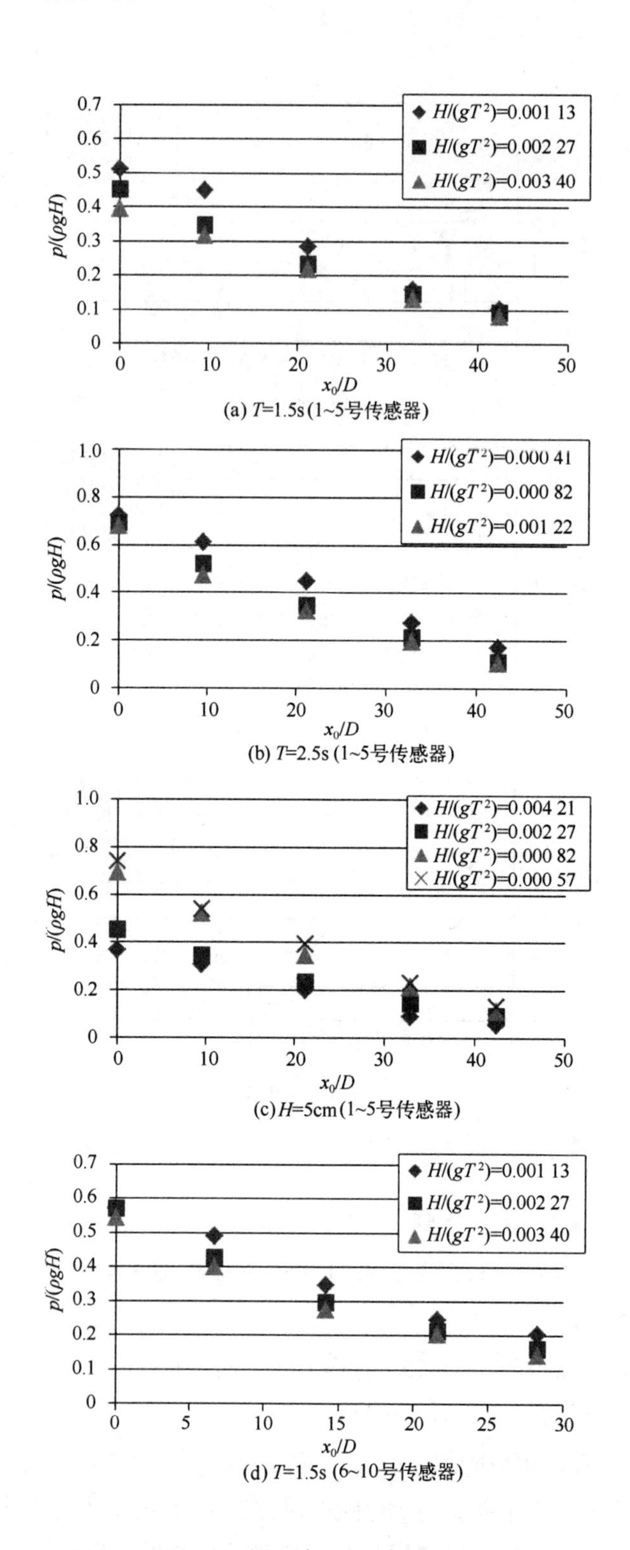

图 5.31　1 ~ 13 号堤心压强 $p/(\rho gH)$ 沿 x_0 方向的变化过程(15 ~ 25g 堤心石)(一)

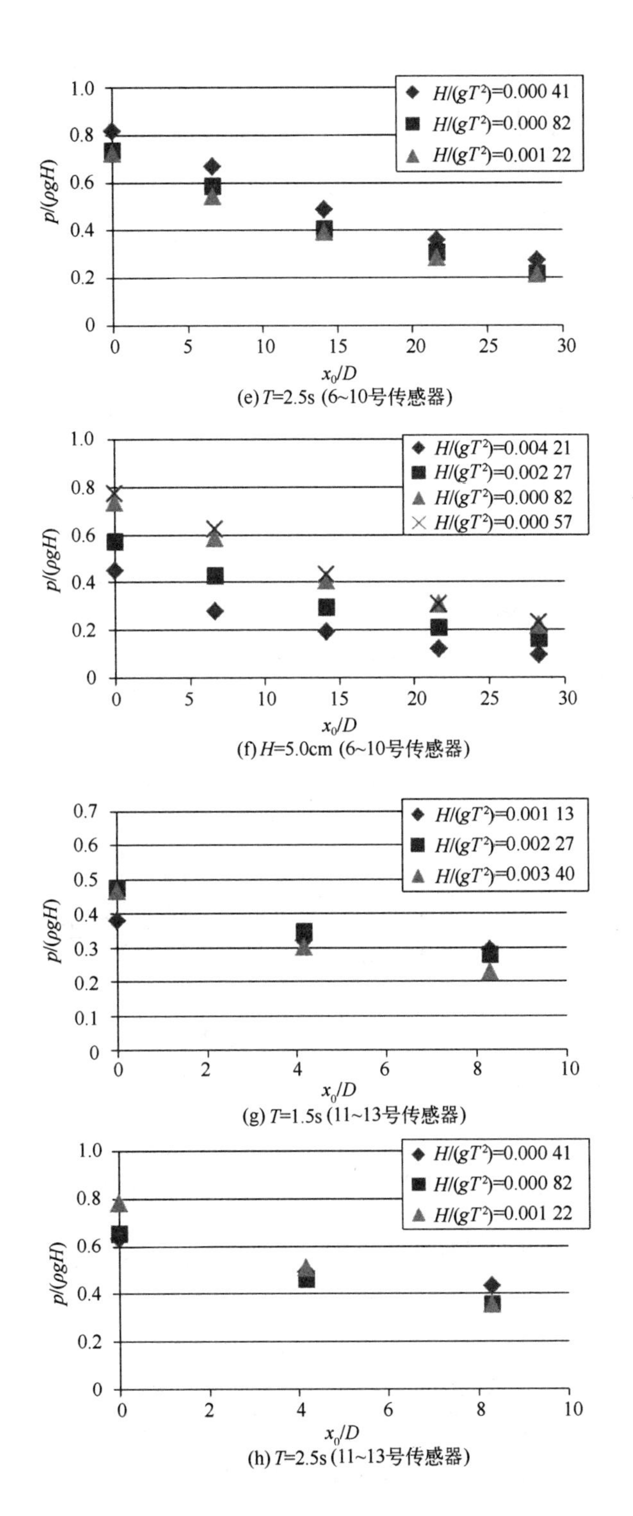

图 5.31　1 ~ 13 号堤心压强 $p/(\rho gH)$ 沿 x_0 方向的变化过程(15 ~ 25g 堤心石)(二)

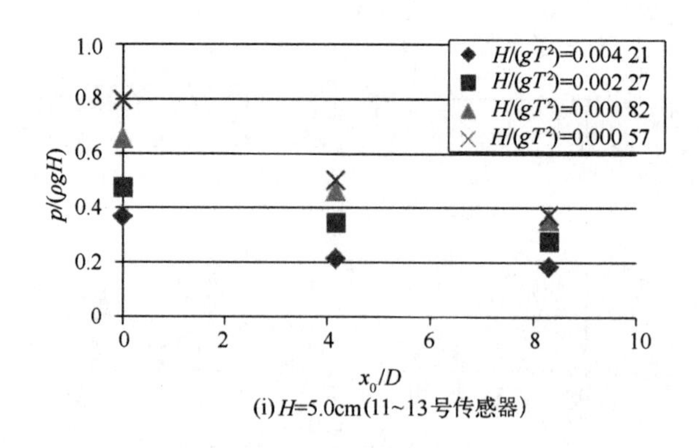

(i) H=5.0cm(11~13号传感器)

图 5.31　1~13 号堤心压强 $p/(\rho gH)$ 沿 x_0 方向的变化过程(15~25g 堤心石)(三)

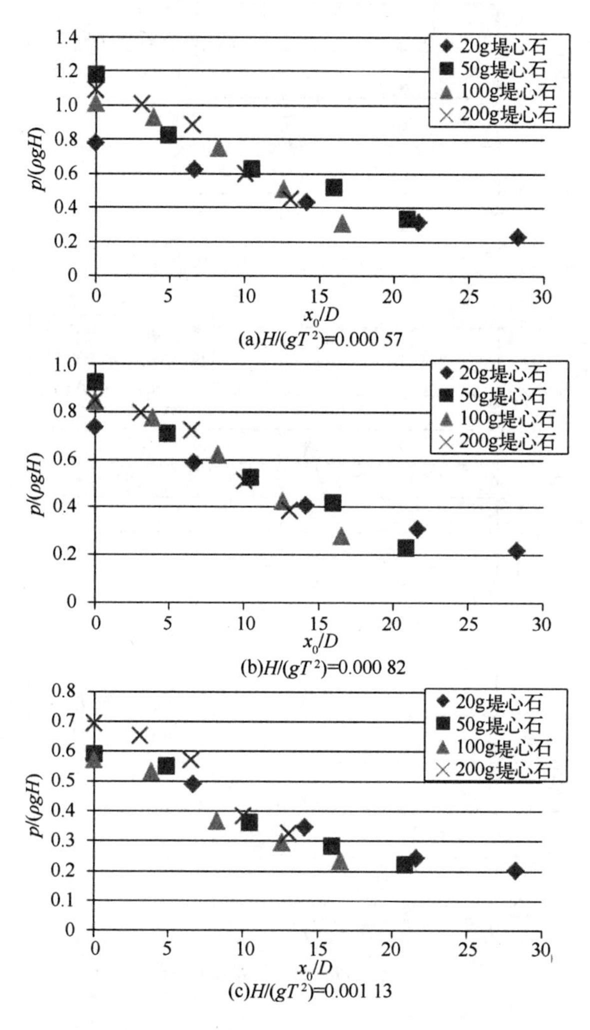

(a)$H/(gT^2)$=0.000 57

(b)$H/(gT^2)$=0.000 82

(c)$H/(gT^2)$=0.001 13

图 5.32　不同堤心石条件下堤心压强 $p/(\rho gH)$ 沿 x_0 方向的变化过程(6~10 号传感器)(一)

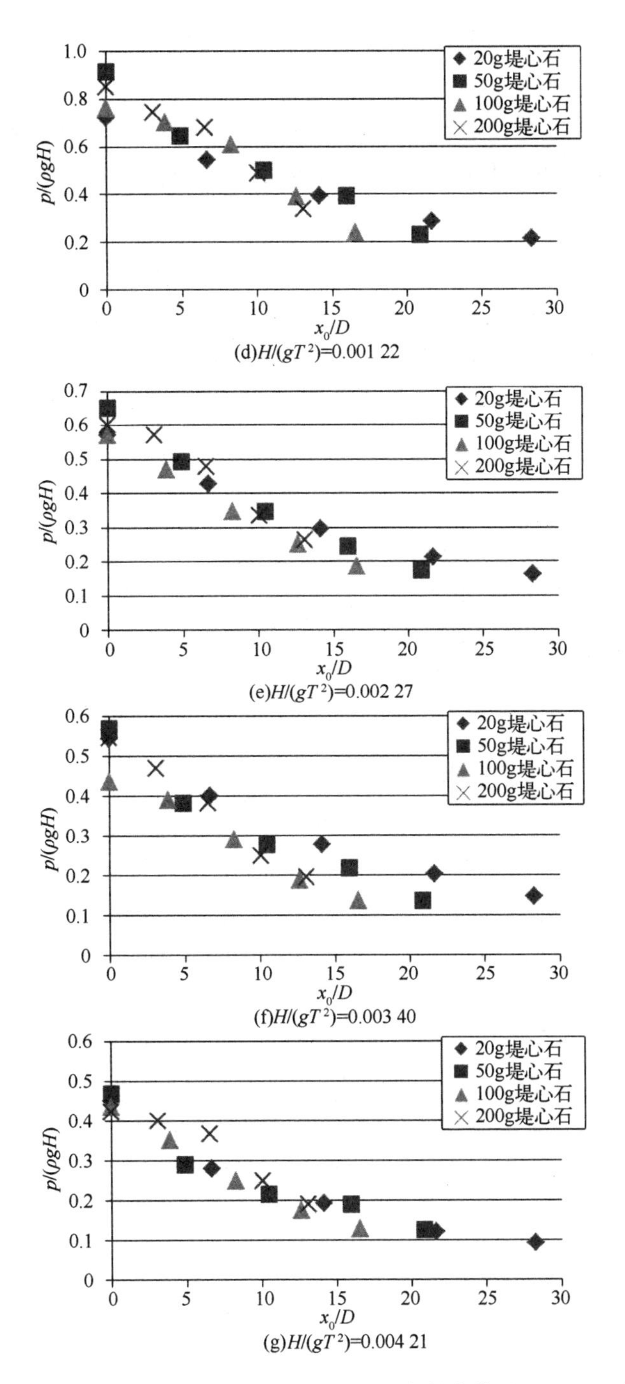

图 5.32　不同堤心石条件下堤心压强 $p/(\rho gH)$ 沿 x_0 方向的变化过程（6～10 号传感器）（二）

心的横向坐标值 x_0 的不断增大，堤内压强的衰减趋势愈渐平缓。这是由于随着波浪的传播和渗入，防波堤前部堤心对波浪的衰减作用十分明显，波浪在此处剧烈破碎形成渗流，流场十分紊乱，堤内压强较大；随后，堤心内部水体透过渗流作用向后部堤心传播，此时流态已逐渐趋于稳定，堤内压强也逐渐稳定减小。此外，从图中还可看出，

在相对位置 x_0/D 一定的情况下，相对堤心压强 $p/(\rho gH)$ 随深水波陡 $H/(gT^2)$ 的增大呈现出减小的趋势。

图 5.32 给出了堤心石分别为 15～25g、45～55g、90～110g 和 190～210g 的均匀块石时，静水面附近 6～10 号传感器测得的相对堤心压强 $p/(\rho gH)$ 随相对位置 x_0/D 的变化过程。

图 5.32 表明，在不同的堤心石条件下，对于特定的深水波陡 $H/(gT^2)$，相对堤心压强 $p/(\rho gH)$ 随相对位置 x_0/D 的增大基本呈现出指数衰减的趋势，透水防波堤前部(迎浪面)的压强远大于防波堤中部及后部(背浪面)的压强。

图 5.33 给出了堤心石分别为 15～25g、45～55g、90～110g 和 190～210g 的均匀块石时，静水面附近 7～10 号传感器测得的相对堤心压强 $p/(\rho gH)$ 随堤心石条件的变化过程。

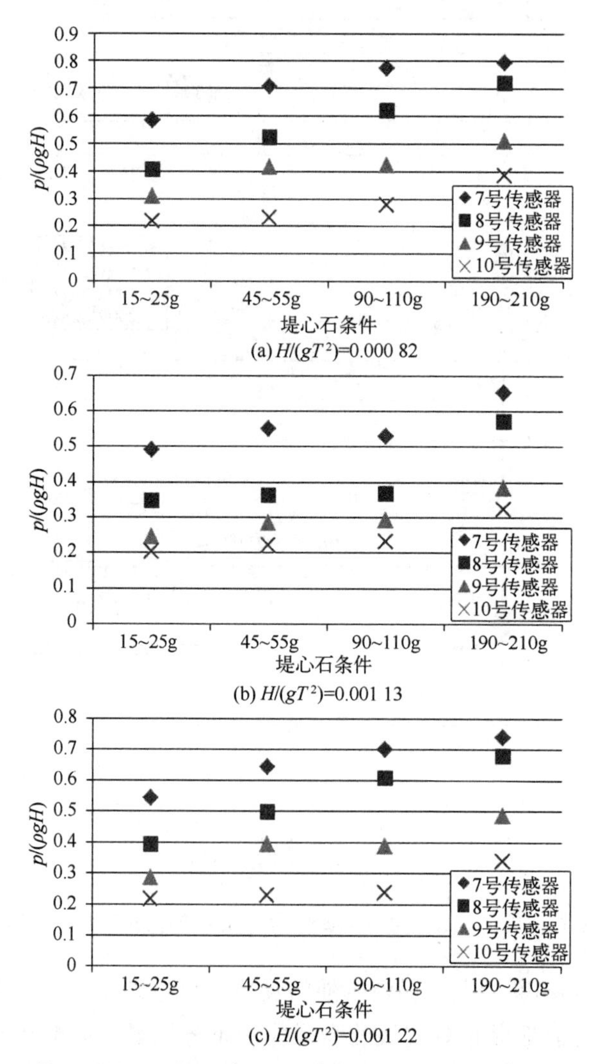

图 5.33　堤心压强 $p/(\rho gH)$ 随堤心石条件的变化(7～10 号传感器)(一)

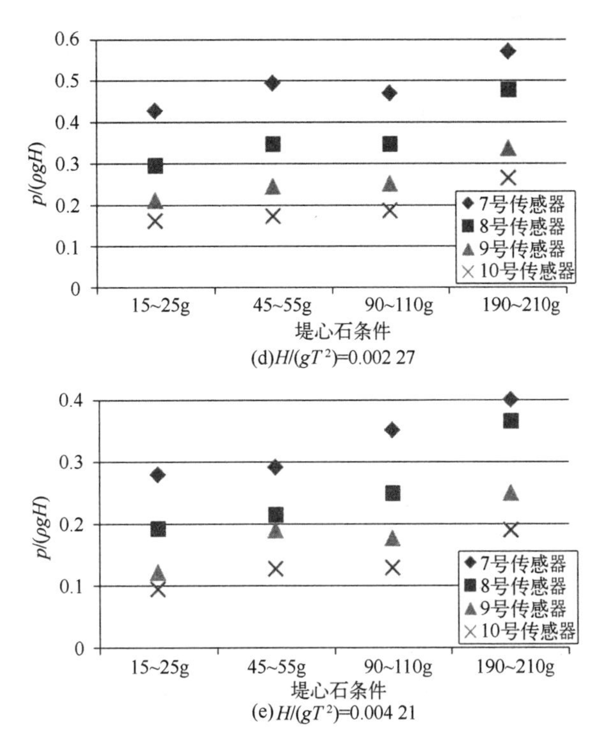

图 5.33　堤心压强 $p/(\rho gH)$ 随堤心石条件的变化(7 ~ 10 号传感器)(二)

图 5.33 表明，在不同的堤心石条件下，对于特定的深水波陡 $H/(gT^2)$，相对堤心压强 $p/(\rho gH)$ 随堤心石粒径 D 的增大呈现出增大的趋势，且堤内压强沿 x_0 方向衰减更剧烈。这是由于相对于粒径较大的堤心石，堤心石粒径 D 越小，堤心石之间孔隙越小，对波浪的衰减作用越强，堤内压强达到稳定状态越快，基本在 7 号传感器之后达到稳定，8 ~ 10 号传感器所测得堤内压强差别不大，衰减趋势较为平缓；粒径较大的堤心石，堤心石之间孔隙较大，渗流流速较大，流场紊乱，堤内压强达到稳定状态较困难，基本要在 8 号传感器之后才能达到稳定，衰减趋势较为剧烈。

5.7.2　透水防波堤堤心压强计算公式

根据 5.7.1 节的影响因素分析和断面试验实测数据，可以得到不同均匀堤心石条件下，不同堤心垂向坐标 z_0 对应的透水防波堤堤心压强衰减系数 δ 的计算公式：

$$\delta = \exp\left[-0.017\left(\frac{H}{gT^2}\right)^{0.08}\left(\frac{x_0}{D}\right)^{1.6}\right] \quad (z_0 = -5\text{cm}) \tag{5.44}$$

$$\delta = \exp\left[-0.007\left(\frac{H}{gT^2}\right)^{0.08}\left(\frac{x_0}{D}\right)^{1.6}\right] \quad (z_0 = -15\text{cm}) \tag{5.45}$$

式中：δ 为堤心压强衰减系数；H 为入射波高；T 为入射波周期；x_0 为沿堤心的横向坐标值；D 为堤心石粒径；g 为重力加速度。各变量均采用国际单位制。

静水面以上 $z_0 = 5\text{cm}$ 处 11～13 号传感器测量数据较为离散，并未拟合出相应的计算公式。

由式(5.44)和式(5.45)可以看出，对于不同的堤心垂向坐标 z_0，防波堤堤心压强衰减系数 δ 的计算公式形式基本一致，仅有一个系数不同，因此可将式(5.44)和式(5.45)合并：

$$\delta = \exp\left[-\alpha\left(\frac{H}{gT^2}\right)^{0.08}\left(\frac{x_0}{D}\right)^{1.6}\right] \tag{5.46}$$

式中：α 为与堤心垂向坐标 z_0 有关的常数，其在静水面附近取得最大值，即静水位处堤内压强的衰减趋势较底层处更为剧烈。

将堤心压强衰减系数 δ 计算公式(5.46)代入堤心压强的计算公式(5.43)中，即可得到透水防波堤堤心压强的计算公式：

$$p = p_0\exp\left[-\alpha\left(\frac{H}{gT^2}\right)^{0.08}\left(\frac{x_0}{D}\right)^{1.6}\right] \tag{5.47}$$

式中：p 为堤心压强；p_0 为沿堤心的横向坐标值 $x_0 = 0$ 处，即防波堤外部流体区域与堤心交界面处的压强，需通过公式计算或试验测定。

式(5.47)中各无因次影响参数的取值范围为：$0.041 \leqslant 100H/(gT^2) \leqslant 0.421$，$0 \leqslant x_0/D \leqslant 42.43$。

为便于工程应用，将沿堤心的横向坐标值 $x_1 = 0$ 取于防波堤中轴线处，沿波浪来向，向堤后为正，向堤前为负；堤心垂向坐标 z_1 在静水面处为零，向上为正。具体如图 5.34 所示。

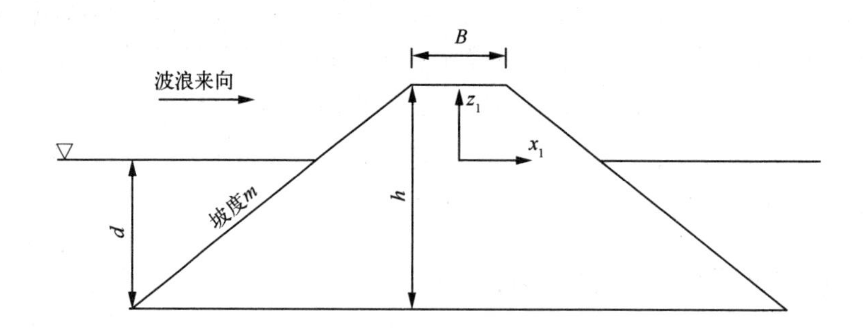

图 5.34　透水防波堤堤心压强衰减系数计算坐标示意

横向坐标值 x_1 与 x_0 的转换关系为

$$x_0 = x_1 + 0.5B + m(h - d - z_1) \tag{5.48}$$

式中：B 为防波堤堤顶宽度；m 为防波堤坡度；h 为防波堤堤身高度；d 为试验水深。

新坐标系下，透水防波堤堤心压强的计算公式为

$$p = p_0\exp\left[-\alpha\left(\frac{H}{gT^2}\right)^{0.08}\left(\frac{x_1 + 0.5B + m(h - d - z_1)}{D}\right)^{1.6}\right] \tag{5.49}$$

该式仅为式(5.47)在不同坐标系下的转换。

图 5.35 给出了规则波作用下，透水防波堤堤心压强衰减系数 δ 计算值与试验实测值的相关关系。其中，图 5.35(a)中计算值与实测值的相关系数 R 为 0.9649，图 5.35(b)中计算值与实测值的相关系数 R 为 0.9536，计算值与实测值吻合良好。

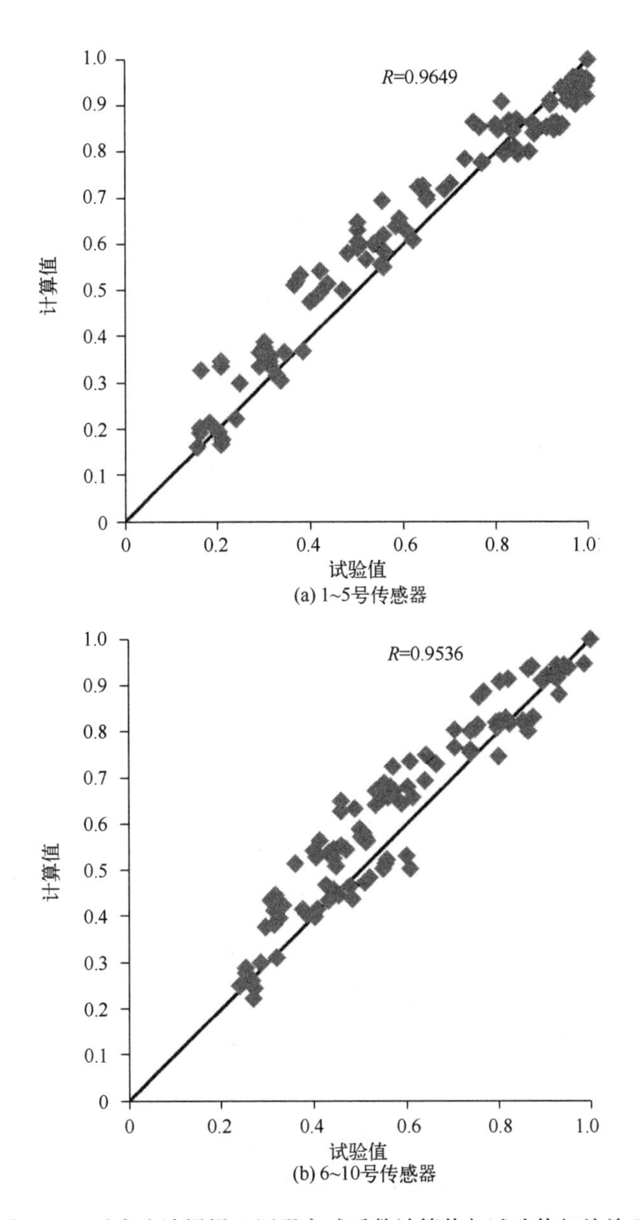

图 5.35　透水防波堤堤心压强衰减系数计算值与试验值相关关系

第6章 透水防波堤渗透水量试验研究

6.1 试验条件和方法

渗透水量试验断面如图6.1所示。该断面堤顶高程为+4.50m，胸墙顶高程为+7.00m，前、后的坡度均为1:1.5，前坡采用15t扭王字块体护面，后坡采用70cm厚栅栏板进行保护，堤心采用1~1000kg堤心石。

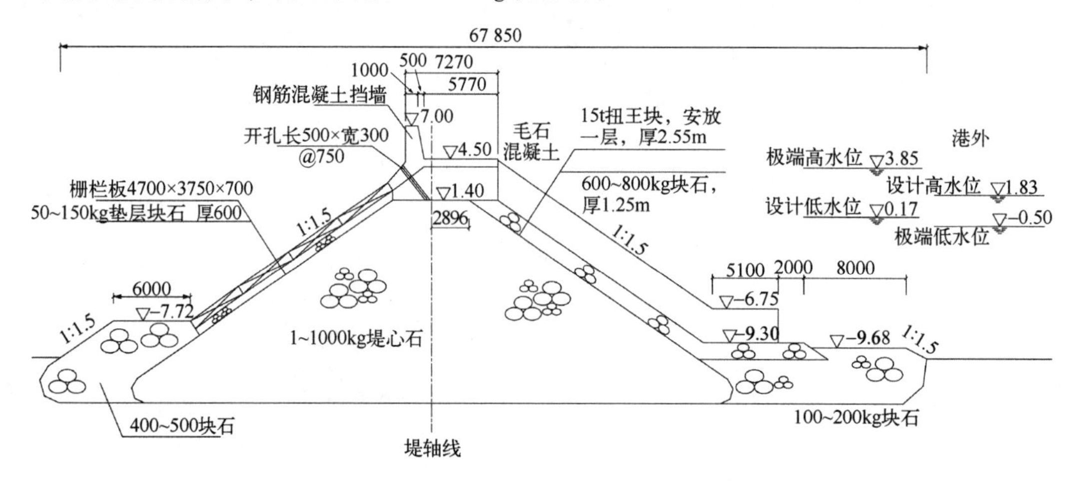

图6.1 典型防波堤断面

（图中尺寸以mm计，标高以m计；高程系统从当地理论最低潮面起算）

由于现场堤心石的重量级配曲线、孔隙率、不均匀系数等均为未知，本次试验首先分别选用1000kg和500kg的堤心石进行试验；然后按如下级配进行试验：堤心石为0~500kg，其中0~100kg块石占40%，100~200kg、200~300kg、300~400kg、400~500kg块石各占15%。

试验内容为：通过波浪物理模型试验，研究防波堤断面在波浪作用下的渗透水量，试验水位包括设计高水位和设计低水位，波浪重现期包括2年一遇、10年一遇和50年一遇。

试验水位及试验波要素如表6.1所示。

试验遵照《波浪模型试验规程》相关规定，采用正态模型，按照弗劳德相似律设计。根据设计水位、波浪要素、试验断面及试验设备条件等因素，模型几何比尺（原型与模型对应物理量间的比值)取为 24。

表 6.1　50 年、10 年及 2 年一遇试验波要素

	设计高水位 1.83m			设计低水位 0.17m		
	50 年一遇	10 年一遇	2 年一遇	50 年一遇	10 年一遇	2 年一遇
$H_{1\%}$(m)	6.6	6.5	4.9	5.7	5.3	4.3
$H_{5\%}$(m)	5.6	5.5	4.1	4.9	4.5	3.6
$H_{13\%}$(m)	4.9	4.8	3.5	4.3	3.9	3.1
平均波高 H(m)	3.3	3.2	2.3	2.9	2.6	2.0
水深(m)	12.3	12.3	12.3	10.7	10.7	10.7
平均周期 T(s)	12.8	10.8	7.9	12.8	10.8	7.9

无论采用何种方法模拟堤心石，堤心材料比尺的确定均与入射波浪要素有着密切的关系。由于本次试验的波浪要素较多，试验过程中做到针对每种波浪要素均确定一种堤心材料比尺是困难的。为安全计，选取最不利条件计算堤心材料比尺。

本书首先选取设计高水位和设计低水位条件下 2 年一遇平均波高($H=2.30$m，$T=7.9$s 及 $H=2.0$m，$T=7.9$s)分别计算堤心材料比尺，然后取较大值。

Le Mehaute 模拟方法及 Keulegan 模拟方法的计算结果为：

当堤心石为 1000kg 的块石，堤心材料比尺 $K=\frac{24}{k}=\frac{24}{1.0}=24$。

当堤心石为 500kg 的块石，堤心材料比尺 $K=\frac{24}{k}=\frac{24}{1.08}=22.2$。

当堤心石为 0 ~ 500kg(其中 0 ~ 100kg 块石占 40%，100 ~ 200kg、200 ~ 300kg、300 ~ 400kg、400 ~ 500kg 块石各占 15%)时，堤心材料比尺 $K=\frac{24}{k}=\frac{24}{2.5}=9.6$。

从上述堤心材料比尺的选取结果可以看出：当堤心石为 1000kg 的块石时，由于本次试验选定的长度比尺较小，堤心石粒径较大，故堤心石按照重力相似模拟即可保证模型与原型中堤心内的流态处在同一范围内；当堤心石为 500kg 的块石时，堤心材料比尺只需将长度比尺略作减小即可；当堤心石为 0 ~ 500kg(其中 0 ~ 100kg 块石占 40%，100 ~ 200kg、200 ~ 300kg、300 ~ 400kg、400 ~ 500kg 块石各占 15%)时，堤心材料比尺应为 9.6。

采用有机玻璃制作一个除迎浪面及顶面之外全部封闭的套箱，将其固定在水槽内；然后在套箱前部放置模型断面，断面后部的箱体内共布置 15 根波高仪。侧视图如图 6.2 所示，俯视图如图 6.3 所示。

在每一组试验条件下，通过对 15 根波高仪测得的同步数据进行分析得到半波透水量和净透水量。

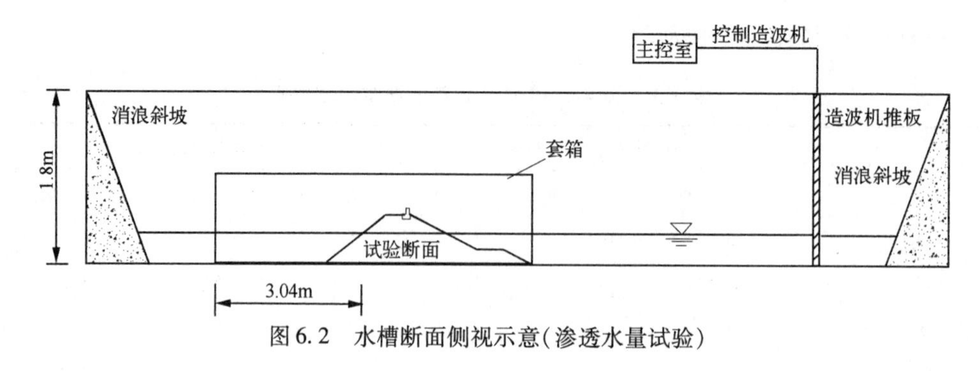

图 6.2　水槽断面侧视示意（渗透水量试验）

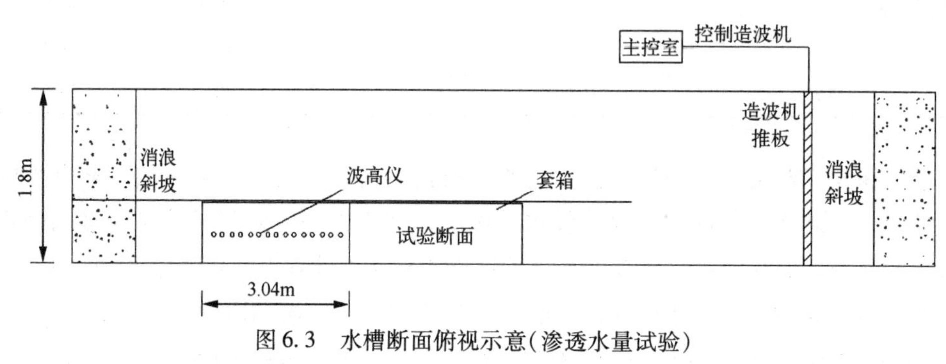

图 6.3　水槽断面俯视示意（渗透水量试验）

由于在一个周期内，堤后的透水量有进有出，在波峰作用下水体由堤前向堤后渗透，在波谷作用下水体由堤后向堤前渗透。因此，半波透水量是指在一个周期内波峰作用下由堤前向堤后渗透的水量的单宽时均值；净透水量是指综合考虑了波峰作用下堤前向堤后渗透以及波谷作用下堤后向堤前渗透之后，在一个周期内由堤前向堤后渗透的净水量的单宽时均值。

6.2　试验结果及分析

对于三种不同粒径组成的堤心石，分别在设计高、低水位及 50 年、10 年、2 年一遇波浪要素条件下进行试验，发现在堤后坡位于静水位附近的栅栏板处均有明显的成片水体渗出，它们的区别只是不同的试验条件渗出水体的量有大有小。

表 6.2 是堤心石分别为 1000kg、500kg、0 ~ 500kg（其中 0 ~ 100kg 块石占 40%，100 ~ 200kg、200 ~ 300kg、300 ~ 400kg、400 ~ 500kg 块石各占 15%）时渗透水量的测量结果。表中规则波及不规则波的结果均为所有周期内各个半波透水量及净透水量的平均值。需要特别说明的是，在测量渗透水量时不考虑堤顶越浪量的影响。

从表 6.2 中可以看出：堤心石为 1000kg 时的半波透水量及净透水量最大；堤心石为 500kg 时次之；堤心石为 0 ~ 500kg（其中 0 ~ 100kg 块石占 40%，100 ~ 200kg、200 ~ 300kg、300 ~ 400kg、400 ~ 500kg 块石各占 15%）时最小。

表6.2　不同重量的堤心石渗透水量的测量结果

重量	水位	重现期	波要素	半波透水量 [m³/(s·m)]	净透水量 [m³/(s·m)]
堤心石为1000kg时	设计高水位	50年一遇	$H=3.32\mathrm{m}$，$T=12.8\mathrm{s}$	0.959	0.163
		50年一遇	$H_s=4.89\mathrm{m}$，$\overline{T}=12.8\mathrm{s}$	0.895	0.206
		10年一遇	$H=3.24\mathrm{m}$，$T=10.8\mathrm{s}$	0.889	0.160
		10年一遇	$H_s=4.78\mathrm{m}$，$\overline{T}=10.8\mathrm{s}$	0.846	0.195
		2年一遇	$H=2.30\mathrm{m}$，$T=7.9\mathrm{s}$	0.441	0.051
		2年一遇	$H_s=3.50\mathrm{m}$，$\overline{T}=7.9\mathrm{s}$	0.461	0.059
	设计低水位	50年一遇	$H=2.90\mathrm{m}$，$T=12.8\mathrm{s}$	0.633	0.127
		50年一遇	$H_s=4.26\mathrm{m}$，$\overline{T}=12.8\mathrm{s}$	0.761	0.106
		10年一遇	$H=2.60\mathrm{m}$，$T=10.8\mathrm{s}$	0.553	0.083
		10年一遇	$H_s=3.87\mathrm{m}$，$\overline{T}=10.8\mathrm{s}$	0.592	0.087
		2年一遇	$H=2.02\mathrm{m}$，$T=7.9\mathrm{s}$	0.376	0.045
		2年一遇	$H_s=3.06\mathrm{m}$，$\overline{T}=7.9\mathrm{s}$	0.409	0.052
堤心石为500kg时	设计高水位	50年一遇	$H=3.32\mathrm{m}$，$T=12.8\mathrm{s}$	0.746	0.148
		50年一遇	$H_s=4.89\mathrm{m}$，$\overline{T}=12.8\mathrm{s}$	0.780	0.171
		10年一遇	$H=3.24\mathrm{m}$，$T=10.8\mathrm{s}$	0.719	0.136
		10年一遇	$H_s=4.78\mathrm{m}$，$\overline{T}=10.8\mathrm{s}$	0.764	0.160
		2年一遇	$H=2.30\mathrm{m}$，$T=7.9\mathrm{s}$	0.355	0.045
		2年一遇	$H_s=3.50\mathrm{m}$，$\overline{T}=7.9\mathrm{s}$	0.402	0.048
	设计低水位	50年一遇	$H=2.90\mathrm{m}$，$T=12.8\mathrm{s}$	0.610	0.110
		50年一遇	$H_s=4.26\mathrm{m}$，$\overline{T}=12.8\mathrm{s}$	0.691	0.097
		10年一遇	$H=2.60\mathrm{m}$，$T=10.8\mathrm{s}$	0.513	0.074
		10年一遇	$H_s=3.87\mathrm{m}$，$\overline{T}=10.8\mathrm{s}$	0.554	0.080
		2年一遇	$H=2.02\mathrm{m}$，$T=7.9\mathrm{s}$	0.354	0.041
		2年一遇	$H_s=3.06\mathrm{m}$，$\overline{T}=7.9\mathrm{s}$	0.378	0.045
堤心石小于500kg时	设计高水位	50年一遇	$H=3.32\mathrm{m}$，$T=12.8\mathrm{s}$	0.605	0.127
		50年一遇	$H_s=4.89\mathrm{m}$，$\overline{T}=12.8\mathrm{s}$	0.640	0.131
		10年一遇	$H=3.24\mathrm{m}$，$T=10.8\mathrm{s}$	0.591	0.116
		10年一遇	$H_s=4.78\mathrm{m}$，$\overline{T}=10.8\mathrm{s}$	0.617	0.126
		2年一遇	$H=2.30\mathrm{m}$，$T=7.9\mathrm{s}$	0.303	0.034
		2年一遇	$H_s=3.50\mathrm{m}$，$\overline{T}=7.9\mathrm{s}$	0.322	0.037
	设计低水位	50年一遇	$H=2.90\mathrm{m}$，$T=12.8\mathrm{s}$	0.409	0.064
		50年一遇	$H_s=4.26\mathrm{m}$，$\overline{T}=12.8\mathrm{s}$	0.475	0.070
		10年一遇	$H=2.60\mathrm{m}$，$T=10.8\mathrm{s}$	0.355	0.054
		10年一遇	$H_s=3.87\mathrm{m}$，$\overline{T}=10.8\mathrm{s}$	0.397	0.060
		2年一遇	$H=2.02\mathrm{m}$，$T=7.9\mathrm{s}$	0.215	0.025
		2年一遇	$H_s=3.06\mathrm{m}$，$\overline{T}=7.9\mathrm{s}$	0.232	0.029

注：H为规则波波高；H_s为不规则波有效波高；T为规则波周期；$\overline{T}$为不规则波平均周期。

图6.4是不同试验条件下堤后水位随时间的变化过程。其中，细线表示对15根波高仪测得的同步值进行平均后得到的水位变化过程；粗线表示每个周期内平均水位的变化过程。半波透水量的含义也分别在图6.4(a)和图6.4(c)中作了说明。

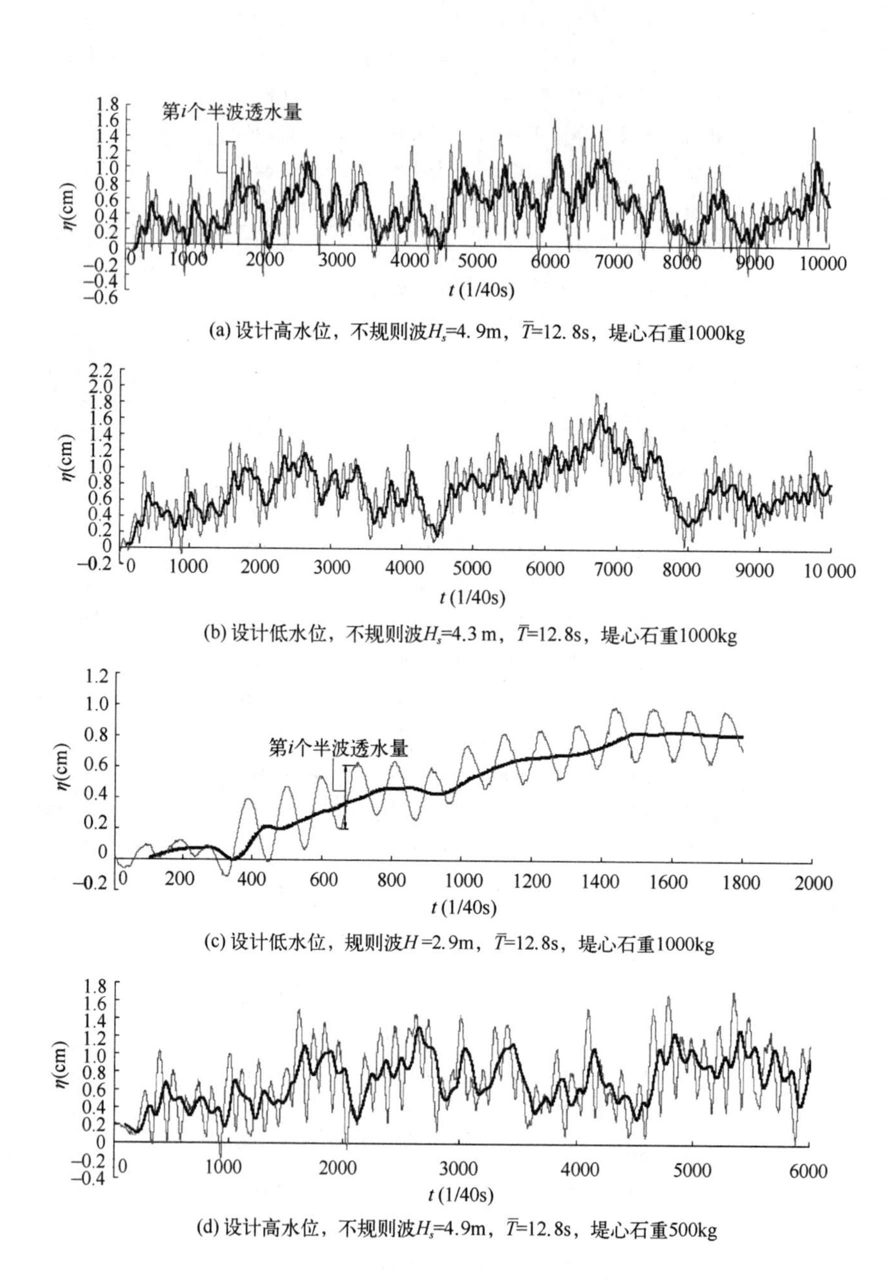

(a) 设计高水位，不规则波H_s=4.9m，$\bar{T}$=12.8s，堤心石重1000kg

(b) 设计低水位，不规则波H_s=4.3m，$\bar{T}$=12.8s，堤心石重1000kg

(c) 设计低水位，规则波H=2.9m，$\bar{T}$=12.8s，堤心石重1000kg

(d) 设计高水位，不规则波H_s=4.9m，$\bar{T}$=12.8s，堤心石重500kg

图6.4　堤后水位随时间的变化过程(一)

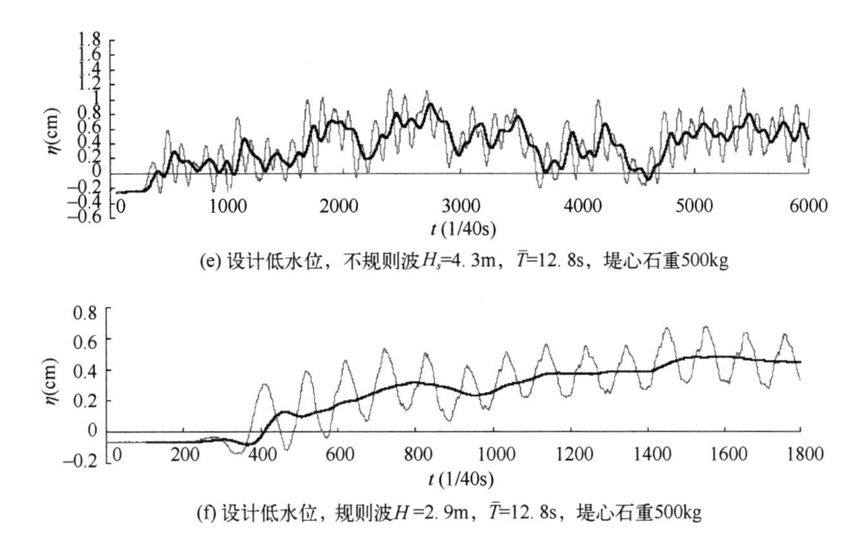

(e) 设计低水位，不规则波H_s=4. 3m，$\bar{T}$=12. 8s，堤心石重500kg

(f) 设计低水位，规则波H =2. 9m，$\bar{T}$=12. 8s，堤心石重500kg

图 6. 4　堤后水位随时间的变化过程(二)

第7章　透水防波堤后坡防护问题研究

风暴潮灾害是指台风、暴潮、巨浪和暴雨同时袭击沿海地区所造成的严重灾害，它具有突发性强，破坏力大的特点。海堤在风暴潮和大浪期间，保护后侧的陆地及陆上建筑物免遭海浪破坏，对其防护问题一直受到各方的关注。堤顶和内坡若保护不好，一旦发生越浪，堤体容易受损。以往大量海堤事故表明，越浪是造成海堤破坏的原因之一。因此，对越浪引起的内坡破坏进行深入研究，对提高已建海堤的稳定性具有较大意义。

当越浪超过一定量级后有可能对堤后结构造成破坏。理论上讲，只要堤顶高程足够高，越浪是可以避免的。对于所处水深大、波高大且波周期长的海域的海堤工程，若按不允许越浪设计，则堤顶高程较大，投资成本增加。同时，由于地基条件较差，地基承载力可能达不到要求，导致堤身高度受到限制，因此现有海堤多按允许越浪进行设计。然而在风暴潮作用下堤顶越浪量增加，大量水体越过堤顶，冲击堤顶和内坡，对护坡块石稳定性造成影响，进而影响海堤工程的整体稳定性，从而导致巨大的经济损失，因此内坡防护问题一直受到各国重视。

越过堤顶的水流对内坡具有一定的破坏作用，可能导致内坡发生冲刷破坏或滑坡破坏等。因此，研究越浪水体在堤顶及内坡的压强、流速等，对海堤内坡防护至关重要。海堤形式对越浪在堤顶及内坡的作用方式和位置有一定影响，有防浪墙时，越浪水体砸击在堤顶或内坡，其越浪形态与无防浪墙时明显不同，因此越浪流参数公式之间存在较大差异。现有越浪水力参数公式多针对无防浪墙海堤，研究成果很难应用于我国海堤设计。因此，针对我国海堤形式对越浪水力参数进行研究，将对海堤内坡防护问题有较大的现实意义。

目前，国内外常用的护坡形式有抛石、干砌块石、混凝土板、人工块体等，对于护坡厚度，国内外学者仅针对前坡提出了相关公式，我国《防波堤设计与施工规范》(JTS 154－1—2011，中华人民共和国交通运输部，2011)也只给出了前坡护面厚度公式的相关规定，对于内坡护面稳定厚度或稳定重量，国内外尚无相关公式。堤顶平均越浪量和内坡坡度是影响内坡护面厚度的主要因素，可对护面厚度与越浪量和内坡坡度的关系进行研究，最终得出内坡护面稳定厚度或稳定重量的计算公式。

7.1　越浪量问题研究

后坡护面稳定厚度与平均越浪量的大小密切相关，因此有必要对越浪问题进行进一步的研究。目前，有关不规则波作用下越浪量计算公式较多，各公式计算结果之间的差异较大。

7.1.1　国外越浪量研究成果

国外从20世纪50年代以来对波浪越浪量进行了大量的研究，取得了不少的成果。Saville(1958)采用大比尺越浪量模型试验的方法对规则波作用下的斜坡堤越浪量进行了研究，提出了规则波作用下的平均越浪量计算公式。1974年，Battjes推导出在光滑缓坡上越浪体积的表达公式，并将此公式应用于一个随机波列的单个波浪计算中，假设波高和波长服从二变量格雷分布，提出了平均越浪量的计算公式。然而Battjes的越浪公式后来并没有在荷兰得到广泛应用，主要原因是堤顶高程是在累积频率为2%的波浪爬高基础上确定的，而不是通过越浪量确定，公式的复杂性是Battjes的研究成果没有得到广泛应用和进一步发展的一个重要原因。1975年，日本的Goda等进行了光滑直立墙上不规则波模型试验研究，将越浪计算成果绘制成了越浪量推算图表。但Goda的统一公式无法很好地描述缓坡上的越浪。已有研究表明波周期和坡度对于缓坡上的越浪有很大的影响，而这种影响在陡坡、涌浪或无破碎波和直立墙时并未出现。因此，在统一公式中没有考虑波周期的影响，这些公式不适用于缓坡，且适用范围需限制在坡度大于1∶2的范围内。与其他大部分的越浪公式类似，Goda公式也是指数形式，这意味着对于自由高度较低或为零的情况其计算结果偏大。Owen(1980，1982，1993)对海堤越浪量进行了完整而系统的研究，得到无因次越浪量与无因次堤顶超高的关系式，给出了单坡和复坡斜坡堤的平均越浪量计算公式。Banyard和Herbert(1995)对波浪斜向入射角对越浪量的影响进行了研究，提出了考虑波浪斜向入射的平均越浪量计算公式。在海堤设计中，欧洲许多国家推荐使用海工结构越浪量评估手册(Wave Overtopping of Sea Defences and Related Structure：Assessment Manual，简称EurOtop)中的越浪量计算公式。Van der Meer对斜坡堤越浪量进行了大量的研究工作(Van der Meer & Janssen，1995；Van der Meer et al.，1998，2001)。2002年，Van der Meer给出波浪爬高及平均越浪量的计算公式，详细研究分析了影响波浪爬高及越浪的各种因素，包括前坡坡度、堤前波浪要素、堤顶宽度及高程、波浪斜向入射等。2014年，Van der Meer和Bruce又对EurOtop中在越浪量问题上不完善的方面提出了新的思路和设计公式，对前人在堤顶超高较小时的数据进行重新分析后发现，现有公式在堤顶超高较小或为零时的计算结果偏大，提出了在堤顶超高很小及为零时平均越浪量的计算方法，并就堤前浅滩对越浪量的影响进行了分析。Romano等(2015)对相同能量密度谱不同初始相位及不同持续时间的入射波列对防波堤越浪变化的影响进行了物理模型试验研究。欧洲的 CLASH 框架计划在 10 000 组越浪试验数据基础上，形成了一个数据系统，建立了海堤平均越浪量计算的神经网络模型。在数值模拟方面，Hubbad 和 Dodd(2002)建立了波浪的二维模型，可以模拟斜向波，并对规则波作用下的越浪量进行了分析。Losada 等(2008)模拟了不规则波，针对抛石海堤，得出了不规则波作用下的瞬时越浪量和平均越浪量，与物理模型得出的经验公式计算结果进行了对比分析。

（1）Hebsgaard 研究成果

Hebsgaard 等(1998)的平均越浪量计算公式为

$$q = k_1\sqrt{gH_s^3}\ln(S_{op})\exp\left[\frac{k_2\sqrt{\cot\alpha}(2R_C + 0.35B)}{\gamma_f H_s\sqrt{\cos\beta}}\right] \tag{7.1}$$

式中：$S_{op} = \dfrac{2\pi H_s}{gT_p^2}$；$\beta$ 为波向角，即波浪传播方向和堤坝垂直线的角度；γ_f 为护面层糙率影响系数；k_1、k_2 为系数，无胸墙时 $k_1 = -0.3$，$k_2 = -1.6$；有胸墙时 $k_1 = -0.01$，$k_2 = -1.0$。

（2）Van der Meer 研究成果

2014 年，Van der Meer 和 Bruce 在已有成果基础上针对直立堤和复合结构海堤、堤前浅滩、波浪破碎、相对堤顶超高等方面对平均越浪量进行了更加深入的讨论，给出了新的平均越浪量计算公式。Van der Meer 对前人在相对堤顶超高较小时的数据进行重新分析后发现，现有公式在相对堤顶超高较小或为零时的计算结果偏大，因此着重讨论了堤顶超高对越浪量的影响。

直立结构且堤前无浅滩时越浪量采用下式计算：

$$\frac{q}{\sqrt{gH_{m0}^3}} = 0.05\exp\left(-2.78\frac{R_C}{H_{m0}}\right) \quad \left(\frac{R_C}{H_{m0}} < 0.91\right) \tag{7.2}$$

$$\frac{q}{\sqrt{gH_{m0}^3}} = 0.2\exp\left(-4.3\frac{R_C}{H_{m0}}\right) \quad \left(\frac{R_C}{H_{m0}} > 0.91\right) \tag{7.3}$$

在斜坡式浅滩上的直立结构平均越浪量采用以下公式进行计算：

$$\frac{q}{\sqrt{gH_{m0}^3}} = 0.011\left(\frac{H_{m0}}{H_{s\,m-1,0}}\right)^{0.5}\exp\left(-2.2\frac{R_C}{H_{m0}}\right) \quad \left(\frac{R_C}{H_{m0}} < 1.35\right) \tag{7.4}$$

$$\frac{q}{\sqrt{gH_{m0}^3}} = 0.0014\left(\frac{H_{m0}}{H_{s\,m-1,0}}\right)^{0.5}\left(\frac{R_C}{H_{m0}}\right)^{-3} \quad \left(\frac{R_C}{H_{m0}} > 1.35\right) \tag{7.5}$$

复合直立结构的平均越浪量按下式进行计算：

$$\frac{q}{\sqrt{gH_{m0}^3}} = 1.3\left(\frac{d}{h}\right)^{0.5}\times 0.011\left(\frac{H_{m0}}{H_{s\,m-1,0}}\right)^{0.5}\exp\left(-2.2\frac{R_C}{H_{m0}}\right) \quad \left(\frac{R_C}{H_{m0}} < 1.35\right) \tag{7.6}$$

$$\frac{q}{\sqrt{gH_{m0}^3}} = 1.3\left(\frac{d}{h}\right)^{0.5} \times 0.0014\left(\frac{H_{m0}}{H_{s\,m-1,0}}\right)^{0.5}\left(\frac{R_C}{H_{m0}}\right)^{-3} \qquad \left(\frac{R_C}{H_{m0}} \geqslant 1.35\right) \tag{7.7}$$

7.1.2　国内越浪量研究成果

国内也有许多学者对海堤越浪量进行研究并取得了较为丰富的成果。贺朝敖和任佐皋(1995)就波陡、相对墙顶超高、相对堤顶超高、肩宽、水深、前坡坡度等因素对规则波作用下平均越浪量的影响进行了详细讨论，并给出了带胸墙防波堤在规则波作用下的平均越浪量计算公式；余广明和章家昌(1991)、王红等(1996)在试验模型结果的基础上，提出了单坡堤上的平均越浪量计算公式；虞克和余广明(1992)提出了规则波作用下带直立胸墙的斜坡堤上平均越浪量计算方法；李晓亮和俞聿修(2007)研究了斜向波浪入射角对平均越浪量的影响，提出了考虑斜向入射角斜坡堤上的越浪量计算公式；范红霞(2006)对不规则波在斜坡式防波堤上的越浪进行了试验研究，讨论了不同因素尤其是防浪墙相对高度对平均越浪量的影响，针对我国防波堤形式提出了新的平均越浪量计算公式。李胜忠(2006)利用 Fluent 软件建立了二维波浪水槽，模拟了规则波、孤立波、不规则波等不同类型的波浪，证明了数值水槽的有效性；曾婧扬(2013)采用数值方法模拟了孤立波在斜坡堤上的越浪过程，详细讨论了不同海堤形式下，堤顶和内坡上的越浪流水动力学特征。朱嘉玲等(2016，2017)，王登婷等(Wang et al，2017)归纳总结了国内外波浪爬高和平均越浪量的研究进展及相关计算公式，并通过整体物理模型试验，重点分析和讨论了波浪入射方向与斜坡堤波浪爬高和堤顶越浪量的关系，并提出了修正的波浪爬高和越浪量计算公式。

(1)《港口与航道水文规范》(JTS 145—2015)公式

在我国《港口与航道水文规范》(中华人民共和国交通运输部，2015)中，斜坡堤无防浪墙时，堤顶平均越浪量按下式计算：

$$q = AK_A\frac{H_{1/3}^2}{T_p}\left(\frac{H_C}{H_{1/3}}\right)^{-1.7}\left\{\frac{1.5}{\sqrt{m}} + \left[\mathrm{th}\left(\frac{d}{H_{1/3}} - 2.8\right)\right]^2\right\}\ln\sqrt{\frac{gT_p^2 m}{2\pi H_{1/3}}} \tag{7.8}$$

斜坡堤有防浪墙时，堤顶平均越浪量按下式计算：

$$q = 0.07^{\frac{H_C'}{H_{1/3}}}\exp\left(0.5 - \frac{b_1}{2H_{1/3}}\right)BK_A\frac{H_{1/3}^2}{T_p}\left\{\frac{0.3}{\sqrt{m}} + \left[\mathrm{th}\left(\frac{d}{H_{1/3}} - 2.8\right)\right]^2\right\}\ln\sqrt{\frac{gT_p^2 m}{2\pi H_{1/3}}} \tag{7.9}$$

式中：q 是单位时间单位堤宽的越浪量[$\mathrm{m^3/(s \cdot m)}$]；A、B 为经验系数，K_A 为护面结构影响系数。

(2)陈国平越浪量公式

陈国平(2010)对平均越浪量进行了研究，讨论了破波参数、挡浪墙顶超高和挡浪墙高度对平均越浪量的影响，采用非线性回归方法给出了以下计算公式：

$$\frac{q}{\sqrt{gH_s^3}} = 0.055\frac{R_s}{H_s}\exp\left(-3.5\frac{H_C}{R_C} - 0.9\frac{p}{H_C}\right) \tag{7.10}$$

式(7.10)中波浪爬高 R_s 按下式进行确定：

$$\begin{cases} R_s = 1.34\sqrt{m^2+1} & (m < 1.25) \\ R_s = 1.6\xi_{1\%} & (\xi_{1\%} < 1.25;\quad m > 1.5) \\ R_s = 2.63 - 0.7 \times \dfrac{1}{\sqrt{\xi_{1\%}}} & (\xi_{1\%} > 1.25;\quad m > 1.5) \end{cases}$$

当 $1.25 < m < 1.5$ 时，波浪爬高值按内插法确定。

式中：q 为单位时间单位堤宽的越浪量[$m^3/(s \cdot m)$]；R_s 为波浪爬高；$\xi_{1\%}$ 为波浪破碎参数；H_C 为墙顶超高；R_C 为堤顶超高；p 为挡浪墙高度。

(3)俞聿修越浪量公式

大连理工大学的俞聿修(Yu & Li，2007)通过物理模型试验研究对斜坡堤和直立堤在多向不规则波作用下的越浪问题进行了比较系统的研究。

$$\begin{cases} \dfrac{q}{\sqrt{gH_s^3}}\sqrt{\dfrac{S_{op}}{\tan\alpha}} = 0.025\exp\left(-4.33R_C\dfrac{\sqrt{S_{op}}}{H_s\gamma_{\beta\sigma}\gamma_d\tan\alpha}\right) & (\xi_0 \leqslant 2) \\ \dfrac{q}{\sqrt{gH_s^3}} = 0.074\exp\left(\dfrac{-1.73R_C}{H_s\gamma_{\beta\sigma}\gamma_d}\right) & (\xi_0 > 2) \end{cases} \tag{7.11}$$

式中：$\gamma_{\beta\sigma}$ 为波向影响因子；γ_d 为护面形式影响因子。

本节将采用物理模型试验方法对不规则波作用下的越浪问题进行研究，提出改进的平均越浪量计算公式，便于后坡护面稳定厚度计算公式的直接应用。

7.2 越浪量的影响因素

越浪试验在南京水利科学研究院泥沙基本理论试验厅中进行，波浪水槽长175m，宽1.2m，高1.5m，纵向由0.8m和1.0m两部分组成，1.0m部分用于扩散二次反射，试验模型放在0.8m部分。水槽两端均设置消浪区，用来吸收波浪达到边界处的反射波。推波板采用平推式，最大速度不小于0.75m/s，可以模拟最大波高约为0.35m，波周期范围在0.5~6.0s的波浪。试验厅配有数据控制室，由计算机自动控制产生所要求的波浪要素，同时对波高仪测得的水面波动信号进行数据采集和处理。该造波设备可根据试验要求产生不同谱型的不规则波。本次试验越浪量采用接水箱接取测量，接水板宽度为0.2m，为避免波浪的二次反射对造波板造成的影响，试验采用多次间歇式造波方法，即同一波要素下，在反射波到达造波板之前停止造波，一次波浪采集数据控制在140~200个波，待水面恢复平静后再次启动造波机，保证每一工况下波浪的总作用时间达到30min，从而保证试验结果的准确性。

影响越浪量的因素众多，如护面类型、海堤形式、波浪要素等，若就每一因素对越浪量的影响进行研究，工作量较大且难度较高，因此本书仅就肩宽、波陡、前坡坡度和墙顶超高等四个因素对平均越浪量的影响进行讨论，在前人成果的基础上，提出改进的平均越浪量计算公式。本次模型试验断面采用简单的单坡斜坡堤，防浪墙采用直立式，堤前护坡采用扭王字块，内坡护面形式采用干砌块石，堤前水深 $d=40$cm，海堤模型断面如图 7.1 所示。

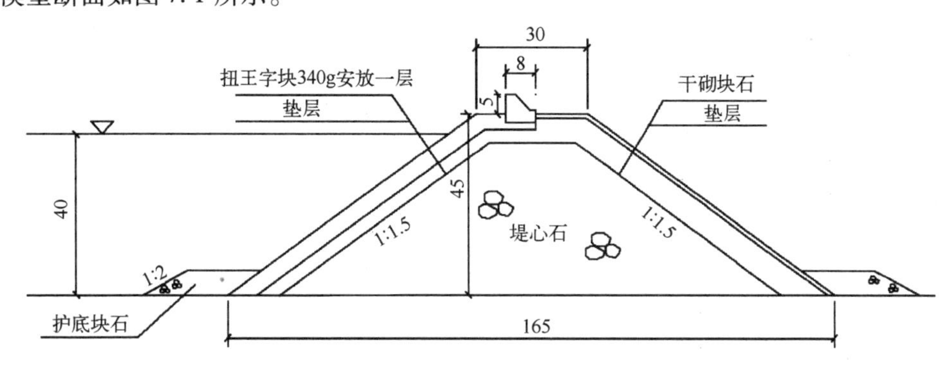

图 7.1　试验断面(单位：cm)

为研究肩宽、前坡坡度和波陡对越浪量的影响，本书将对三个因素分别进行单独讨论，从而更加直观地分析每一独立因素对平均越浪量的影响。主要考虑以下几种情况：

①有效波高 H_s 分别为 0.1m、0.12m、0.14m，有效周期 $T_s=1$s、2s、3s，将不同有效波高和有效周期进行组合，即为所有试验波要素；

②肩宽 B 分别取 0m、0.05m、0.08m、0.1m；

③前坡坡度 m 分别为 1.5、2、2.5、3。

具体试验组合见表 7.1。

表 7.1　试验组次

工况	肩宽(m)	前坡坡度	有效波高(m)	有效波周期(s)
case 1	0	1.5	0.12	1
case 2	0	1.5	0.12	2
case 3	0	1.5	0.12	3
case 4	0.05	1.5	0.12	1
case 5	0.05	1.5	0.12	2
case 6	0.05	1.5	0.12	3
case 7	0.08	1.5	0.12	1
case 8	0.08	1.5	0.12	2
case 9	0.08	1.5	0.12	3
case 10	0.1	1.5	0.12	1
case 11	0.1	1.5	0.12	2
case 12	0.1	1.5	0.12	3

续表

工况	肩宽(m)	前坡坡度	有效波高(m)	有效波周期(s)
case 13	0. 08	2	0. 12	1
case 14	0. 08	2	0. 12	2
case 15	0. 08	2	0. 12	3
case 16	0. 08	2. 5	0. 12	1
case 17	0. 08	2. 5	0. 12	2
case 18	0. 08	2. 5	0. 12	3
case 19	0. 08	3	0. 12	1
case 20	0. 08	3	0. 12	2
case 21	0. 08	3	0. 12	3
case 22	0. 08	1. 5	0. 1	1
case 23	0. 08	1. 5	0. 1	2
case 24	0. 08	1. 5	0. 1	3
case 25	0. 08	1. 5	0. 14	1
case 26	0. 08	1. 5	0. 14	2
case 27	0. 08	1. 5	0. 14	3

试验采用的不规则波谱为 JONSWAP 谱，将波浪要素特征值和谱相关参数输入计算机，由计算机自动迭代产生试验所需波列。

7.2.1 波陡对平均越浪量的影响

波要素是影响海堤越浪的重要因素，当波浪爬高大于墙顶高程时，海堤堤顶将发生越浪。本小节主要针对波陡对越浪量的影响进行讨论。为分析讨论波陡对平均越浪量的影响，改变波陡，保持其他试验参数不变。水深 $d=0.4$m，肩宽$B=0.08$m，前坡坡度 m 取 1.5，$H_s=0.10$m、0.12m、0.14m，$T_s=1$s、2s、3s。模型所描述的规律应避免量纲的影响，因此，为了更加客观地反映出各变量之间的规律，将越浪量进行无因次化。对试验数据进行计算整理后，可得到越浪量与波陡关系图(图 7.2)。

分析图 7.2 可以发现，当周期相同时，越浪量随着波陡的增大而增大，这是因为当周期一定时，波长相同，波高越大，则越过海堤墙顶的水体体积越大，平均越浪量越大；另外，波浪周期较大时，波陡对平均越浪量的影响较大，从图中可以看出，当周期 $T_s=3$s 时，无因次平均越浪量较大，并且对波陡的变化更加敏感，随着周期减小，波陡对平均越浪量的影响越来越小。当波高一定时，随着周期减小，波陡增大，越浪量随之变小。这是因为周期越小，波长越小，其所包含的能量也越小，所以波浪越过海堤防浪墙顶的能力越小，越浪量随之变小。波高较大时，波陡对平均越浪量的影响

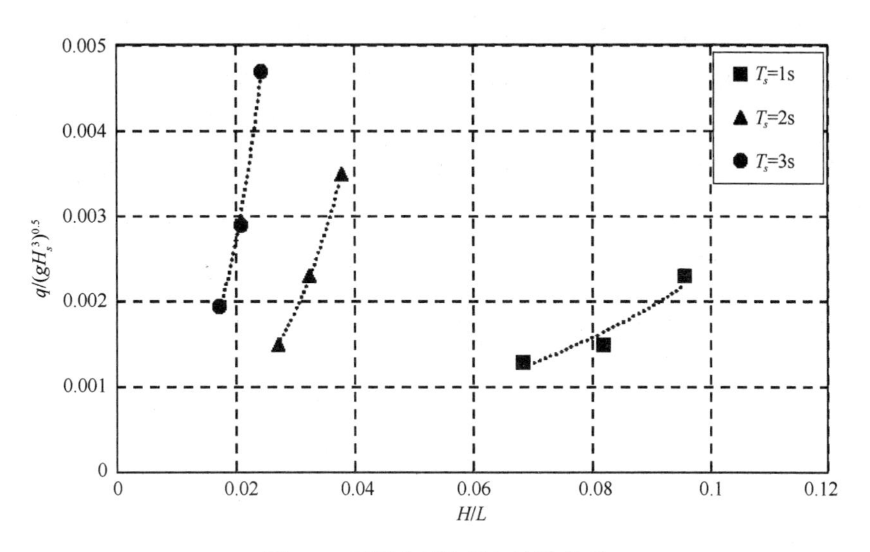

图 7.2　无因次越浪量与波陡关系

也较大。同一波陡处的曲线斜率随着波高的减小而变得更加平缓，可见越浪量越大，波陡对平均越浪量的影响越大。

7.2.2　肩宽对平均越浪量的影响

当海堤堤顶设置防浪墙时，防浪墙迎浪面距堤顶前沿的水平距离称为肩宽。为研究肩宽对越浪量的影响，B 分别取 0m、0.05m、0.08m、0.1m，水深 $d=0.4$m，有效波高 $H_s=0.12$m，有效波周期 $T_s=1$s、2s、3s。无因次平均越浪量与无因次肩宽的关系如图 7.3 所示。

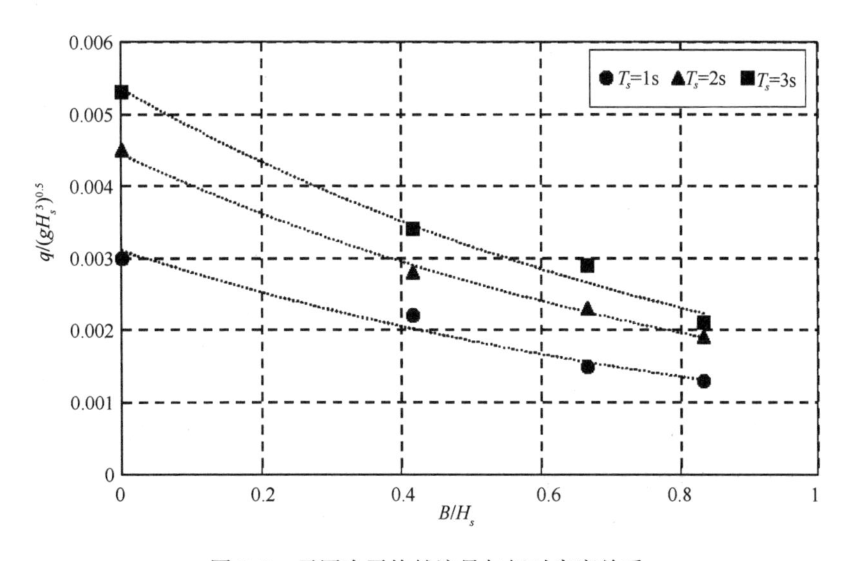

图 7.3　无因次平均越浪量与相对肩宽关系

从图7.3可以看出，当周期一定时，无因次平均越浪量随着相对肩宽的增大而减小，肩宽越大，越浪水体的能量耗散越大，越过墙顶的水体体积就会越小。同时可以看出，对于同一相对肩宽，同一波高，周期越大，则越浪量越大，这与上文波陡对越浪量影响规律是一致的。当周期越大时，无因次越浪量越大，肩宽对越浪量的影响越大。总体而言，无因次越浪量与相对肩宽近似呈指数关系，随着肩宽的增大，其对平均越浪量的影响逐渐减小。

7.2.3 前坡坡比对平均越浪量的影响

根据已有研究，前坡坡比对越浪量具有一定影响。试验中，前坡坡比 m 分别取1.5、2、2.5、3，水深 $d=0.4m$，肩宽 $B=0.08$m，有效波高 $H_s=0.12$m，有效波周期 $T_s=1$s、2s、3s。将平均越浪量进行无因次化后，可以得到无因次越浪量与前坡坡比之间的关系图(图7.4)。

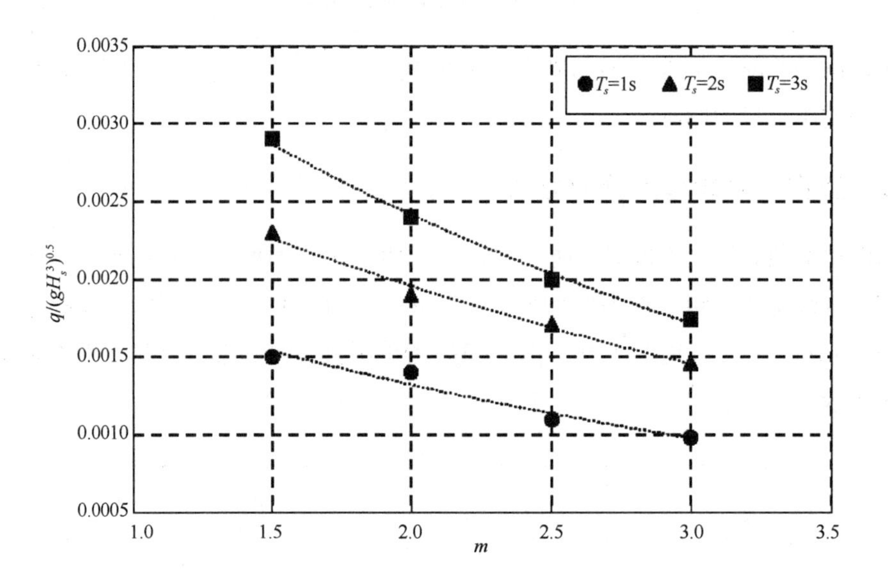

图7.4　无因次平均越浪量与前坡坡度关系

同一波周期下，无因次平均越浪量随着坡比增大而减小，坡比越大，糙渗面积越大，波浪爬高消耗的能量越大，越浪量越小。坡比相同时，波周期越大则无因次平均越浪量数值越大。另外，由图7.4可以看出随着坡比增大，数据点总体趋于平缓，且无因次越浪量与坡比近似呈指数关系，可见随着坡比增大，其对无因次越浪量的影响越来越小。随着周期的减小，同一坡比处的斜率变小，因此，周期越小，无因次越浪量越小，坡比对越浪量的影响越小。

7.2.4　相对墙顶超高对平均越浪量的影响

已有研究表明，堤顶(墙顶)超高是影响越浪量大小的主要因素。试验中，前坡坡比 m 取 1.5，水深 $d=0.4\text{m}$，肩宽 $B=0.08\text{m}$，相对墙顶超高分 R_C/H_s 分别取 0.71、0.83、1.0，有效波周期 $T_s=1\text{s}$、2s、3s。得到无因次越浪量与相对墙顶超高之间的关系图(图 7.5)。

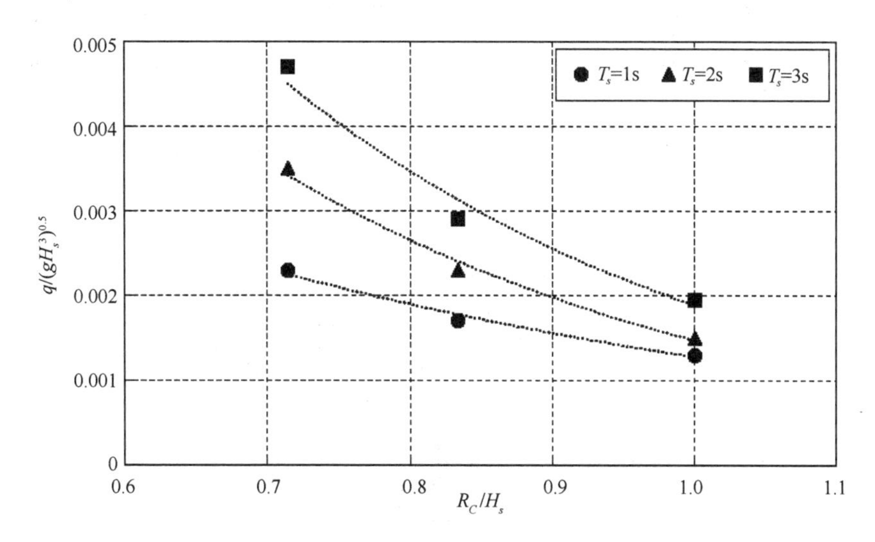

图 7.5　无因次越浪量与墙顶超高关系

显而易见，越浪量随相对墙顶超高的增大而增大，从图中曲线可以看出，随着相对墙顶增大，曲线趋于平缓，表明墙顶超高对越浪量的影响逐渐减小。当 $R_C/H_s=1.0$ 时，不同周期下的越浪量值比较接近，即当相对墙顶超高较小时，周期对越浪量的影响较大，但随着相对墙顶超高的增大，这种影响随之减小。另外，当周期较大时，墙顶超高对越浪量的影响较大。

由以上分析可以发现，波陡、前坡坡比、肩宽和相对墙顶超高均对不规则波作用下的平均越浪量有所影响，因此平均越浪量公式应能够反映出以上因素的影响。

7.2.5　平均越浪量计算公式

在不规则波作用下的越浪量问题方面，国内外均有相关计算公式，本小节将对几个常用公式的计算结果与试验值进行对比，在已有公式基础上提出改进的平均越浪量计算公式。

试验水深 $d=0.4\text{m}$，考虑各公式的适用条件，改变有效波高 H_s(0.07～0.11m)，有效周期 T_s(1～3s)，坡比 m，肩宽 B 的值。将越浪量无因次化，当坡比 $m=1.5$，$B=0.08\text{m}$ 时，部分试验数据与各公式计算值对比如图 7.6 所示。

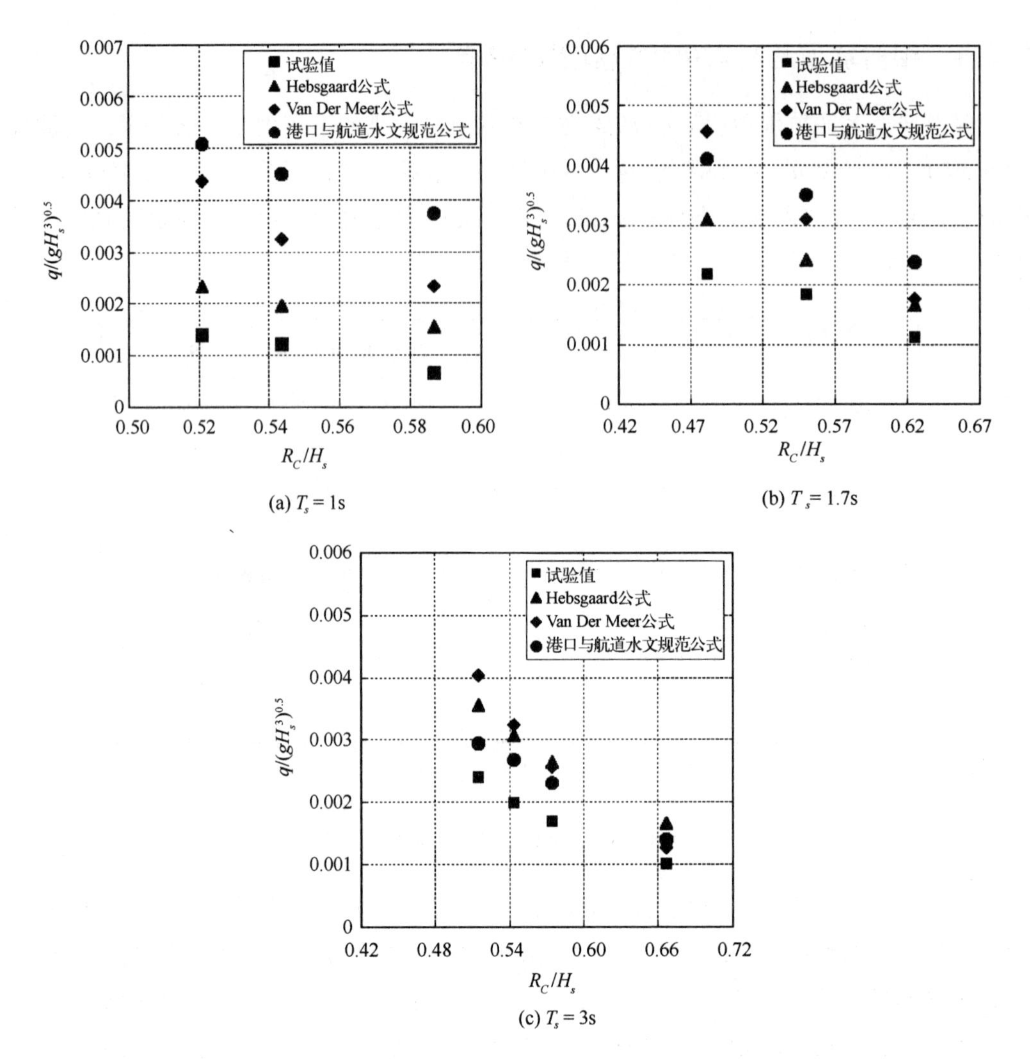

(a) $T_s=1$s

(b) $T_s=1.7$s

(c) $T_s=3$s

图 7.6 试验值与各公式计算值对比($B=0.08$m，$m=1.5$)

对图 7.6 进行分析，可得如下结论：

①在周期相同的情况下斜坡堤平均越浪量公式计算值随相对墙顶超高增大而减小，实测值亦呈现此趋势，证明试验结果是合理有效的；

②当 $T_s=1$s、1.7s 时，Hebsgaard 公式与试验值最接近，当 $T_s=3$s 时，试验结果与《港口与航道水文规范》结果最接近，但当 $T_s=1$s、1.7s 时，《港口与航道水文规范》结果与实测值相差较大，且计算值偏大；

③当 $T_s=1$s 时，各公式结果差别较大，随着周期增大，各公式计算结果趋于接近。《港口与航道水文规范》结果始终比实测值偏大，可见在计算越浪量时，港口与航道水文规范公式比较保守，设计偏安全。

综合对比试验结果与以上各公式计算结果发现，Hebsgaard 公式较其他两个公式更加接近实测值。

综上，将 Hebsgaard 公式计算结果与试验值进行单独对比，本小节所有试验数据与公式计算结果的相关关系如图 7.7 所示。

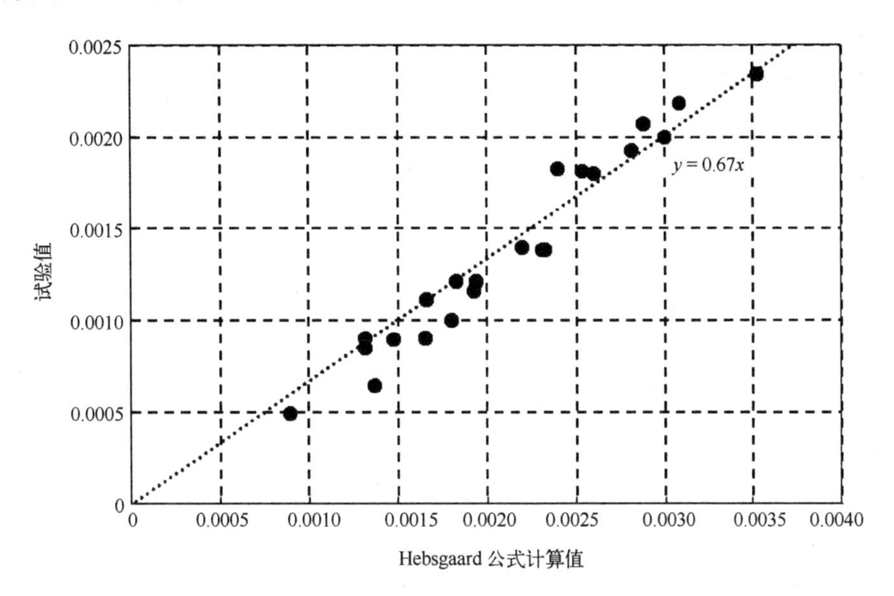

图 7.7　Hebsgaard 公式计算值与试验值相关关系

由上图可以看出，试验值与 Hebsgaard 公式计算值总体呈线性相关关系，表达式为 $y = 0.67x$。可见本小节试验值与 Hebsgaard 公式计算值相比，结果较小，Hebsgaard 公式计算值偏大。二者整体上为 0.67 倍关系，并且 Hebsgaard 计算公式针对波要素、肩宽和前坡坡比对越浪量的影响，均引入了相关计算参数，因此，基于以上规律，提出改进的 Hebsgaard 越浪量计算公式：

$$\frac{q}{\sqrt{gH_s^3}} = k_1 \ln(S_{op}) \exp\left[\frac{k_2 \cot^{0.3}\alpha(2R_C + 0.35B)}{\gamma_f H_s}\right] \tag{7.12}$$

有胸墙时，$k_1 = -0.0067$，$k_2 = -1.0$，其余系数均与 Hebsgaard 公式相同。由上式可以看出，当其他变量一定时，无因次越浪量随着有效波高的增大而增大；当前坡坡比 m 越大时，即 $\cot\alpha$ 越大，由于 k_2 为负值，无因次越浪量随之减小；肩宽 B 增大时，无因次越浪量也随之减小。以上趋势变化均与上文三个因素对越浪量的影响是一致的，可见公式是合理的。

7.3　后坡破坏问题研究

出于对经济性和工程环境条件的考虑，我国大部分海堤按允许越浪量标准进行设计。然而，在风暴潮作用下堤顶越浪水体作用在堤顶或内坡，对内坡护坡块石稳定性造成影响，进而可能影响海堤工程的整体稳定性。国内外学者对内坡越浪进行了较为深入的研究，但对于内坡护面块石的稳定厚度或重量，国内外尚无相关公式，我国《防波堤设计与施工规范》中仅对前坡护面块石厚度有相关规定。另外，我国海堤在堤顶多设置防浪墙，越浪水体的运动更加复杂，因此，对内坡护面块体进行定量分析对海堤设计与堤后防护具有更加直接的参考意义，应针对我国海堤形式，对越浪导致的海堤内坡护面破坏问题进行深入系统的研究。

本节对抛石、干砌块石和混凝土板等护面类型进行了研究，分析了越浪量与护面稳定厚度或稳定重量的关系，考虑到干砌块石和混凝土板在工程中的应用更加广泛，因此，针对这两种护面类型进行深入讨论，在研究越浪对护面稳定影响的基础上，研究了内坡坡度对稳定厚度的影响。分析以往海堤破坏的事例，发现越浪流流速和压强与内坡侵蚀、渗透、滑坡破坏等密切相关，应对其进行研究，这对分析海堤稳定性具有一定意义。我国海堤堤顶多设置防浪墙，与无防浪墙相比，越浪水体在墙顶及内坡的运动形式更加复杂，墙顶越浪水体流速和内坡受到的压强是反映内坡稳定的重要参数，本书选择墙顶最大流速和内坡最大压强作为越浪流参数，研究二者与平均越浪量的关系。针对混凝土板护面，研究护面达到临界稳定状态对应工况下的越浪水力参数，并提出墙顶最大越浪流流速和内坡最大压强差的计算公式，分析流速和压强对混凝土板破坏进程的影响。最终针对三种护面类型，提出了不规则波作用下的护面稳定厚度公式。

7.3.1 试验设备及组次安排

7.3.1.1 内坡护面厚度试验

(1)试验设备

稳定性试验水槽与7.1节越浪试验水槽相同，越浪量采用接水箱接取测量，接水板宽度为0.2m，一次波浪采集数据控制在140~200个波。每一组试验重复三次，取其平均值，避免偶然因素对试验结果的影响。

本次模型试验断面采用简单的单坡斜坡堤，前坡坡度为1∶1.5。防浪墙采用直立式，堤前护坡采用扭王字块，内坡护面形式分别采用抛石、干砌块石和混凝土板，堤前水深 d 为0.4m，海堤模型断面如图7.8所示。图左为海侧，图右为陆侧。

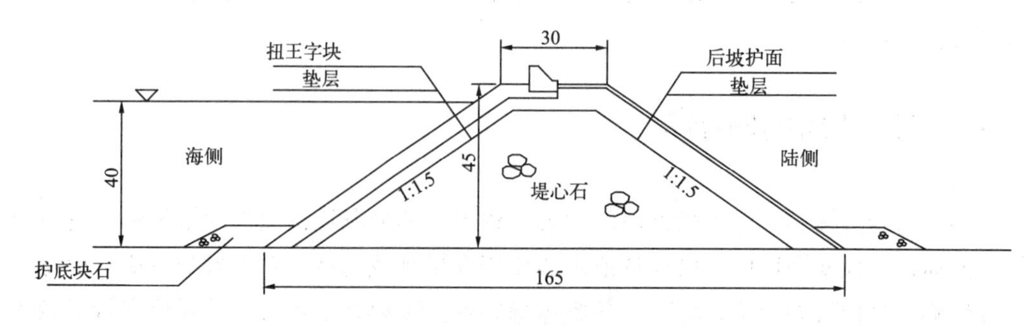

图7.8 护面试验断面(单位：cm)

(2)试验方法

试验组合包括:

①抛石试验中，有效波周期分别取1s、2s和3s，干砌块石和混凝土板与抛石相比，稳定性更强，当周期为1s，波高达到造波机允许最大值时护面依然不会发生破坏，因此干砌块石和混凝土板的周期分别取$T_s=1.7$s、2s、3s和$T_s=1.5$s、2s和3s。

②混凝土板厚度分别选用1cm、1.5cm、2cm、3cm，尺寸为13cm×13cm；砌块厚度分别选用1.2cm、1.5cm、2.5cm、3.5cm；抛石重量分别选用10g、20g和30g。

③针对混凝土板和干砌块石护面，坡度分别取1:1、1:1.5、1:2、1:3，分别对应$m=1$、1.5、2、3。

④波浪为不规则波，采用的不规则波谱为JONSWAP谱，谱密度函数：

$$S(\sigma) = Ag^2\frac{1}{\sigma^5}\exp\left[-1.25\left(\frac{\sigma_0}{\sigma}\right)^4\right]\gamma^{\exp\left[-\left(\frac{\sigma}{\sigma_0}-1\right)^2/(2\beta^2)\right]} \tag{7.13}$$

式中：σ_0为谱峰圆频率；γ为控制谱峰尖度的峰升高因子，取3.3；β为峰形参数，当$\sigma\leqslant\sigma_0$时，取0.07，当$\sigma>\sigma_0$时，取0.09；无量纲数A取决于风场要素。将波浪要素特征值和谱相关参数输入计算机，由计算机自动迭代产生试验所需波列。

每组试验至少重复3次，以避免偶然因素的影响，保证试验结果的有效性。将不同护面块体厚度或重量、不同波周期组合进行了系列模型试验，对每一种组合，先以较小的波高作用于试验断面，当波浪爬高大于墙顶高程时，堤顶将会发生越浪，越浪砸击堤顶及堤后的护面块石，在长时间越浪作用下，若块石稳定，表明此时的波高不足以使护面块石失稳，则继续增大波高，直至护面块体达到临界稳定状态，并测出其对应的平均越浪量，而此时护面块体的厚度就是临界状态下的稳定厚度。在此临界状态后，继续增大波高，观察护面块体的破坏进程。

7.3.1.2 越浪水力参数试验

(1)试验模型

越浪流试验水槽与上文试验水槽相同。模型试验断面采用简单的单坡斜坡堤，前坡坡度和内坡坡度均为1:1.5。防浪墙采用直立式，堤前护坡采用340g扭王字块，内坡护面形式采用混凝土板，尺寸为13cm×13cm，堤前水深d为40cm。

(2)试验方法

试验波要素采用混凝土板护面在$m=1.5$时内坡临界稳定对应的所有波要素，进而可以得到内坡临界稳定状态下的越浪水力参数。考虑到本书采用的设有防浪墙的海堤形式，越浪水体越过墙顶后多发生破碎或飞溅，流速不易测量，因此仅对防浪墙顶处的流速进行测量，并研究一个波列下的流速最大值与平均越浪量之间的关系。流速采用激光螺旋桨式流速仪测量，并记录流速最大值。在堤顶和内坡的顶部设置压力传感器，测量对应的压强值，由计算机自动采集，采集频率为100Hz，具体压力传感器布置如图7.9所示。

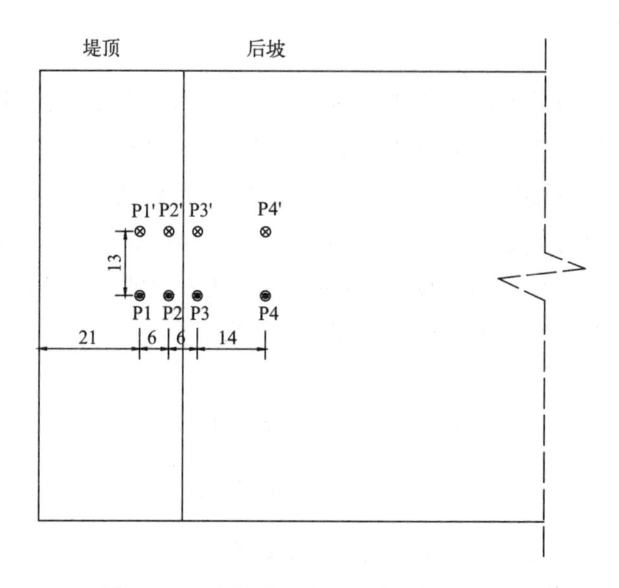

图 7.9　压力传感器布置示意(单位：cm)

已有研究表明，混凝土板的失稳最终都集中反映在水流对护板的上举力上。越浪水体越过防浪墙顶在重力作用下砸击堤顶或内坡，对护面板有向下的压强，同时水体会穿过护面板之间的缝隙对护面板有向上的作用力，因此，试验中将同时对面板受到的正负压强进行测量，取二者的压强差，压强差最大的位置更可能发生护面板的失稳破坏，同时水流流速对护面板受到的脉动压力具有直接影响，因此本书将对最大压强和墙顶最大流速的关系进行研究分析，最终提出内坡越浪水力参数的计算公式。试验仪器布置如图 7.10 所示。每组工况重复三次，取其平均值。

图 7.10　试验仪器布置

7.3.2　护面块体稳定性判别标准

《港口与航道水文规范》中规定：“波浪作用下斜坡式建筑物护面块体的稳定标准，以容许失稳率 n 表示，即静水面上下各一个设计波高范围内，容许被波浪打击移动或滚落的块体个数所占的百分比。”对于安放两层的抛石，《港口与航道水文规范》规定其容许失稳率为1%。滚落块体所占百分比超过容许失稳率时，则护面以下的垫层将受到越浪水体的冲击淘刷作用，长时间越浪作用后，护坡容易发生破坏，可能导致大面积的护面结构失稳。因此，本书认为当滚落块体所占百分比达到容许失稳率时为临界稳定。

对于干砌块石护面，如果一个块体在波浪作用下滚落，则护面以下的垫层将受到波浪的淘刷侵蚀作用，在波浪长时间持续作用下，滚落块体周围的护面块极易发生滚落，护坡将进一步发生破坏，进而影响海堤的整体稳定性。因此，本书认为砌块护面一个块体发生滚落即视为失稳。相关文献指出，将干砌块石在某一波浪要素作用下产生位移临近滚落而没有发生滚落的状态称为临界稳定。

对于混凝土板护面，如果一个护面板在波浪作用下产生向上的位移较大时，则越浪水体将从位移发生处进入护面板下，对面板产生向上的托举力，可能造成混凝土板的位移增大，经数次抬高后，护面板有可能脱离坡面发生失稳。因此，本书认为混凝土板护面一个板块发生的位移为1/3板厚时即视为临界稳定。

7.3.3　试验结果及分析

7.3.3.1　混凝土板护面

(1)越浪水力参数分析

(a) 最大流速分析

墙顶流速对内坡的护面稳定具有很大的影响，因此关注墙顶最大流速对海堤内坡保护具有较大的意义。利用激光螺旋桨式流速仪对墙顶越浪水体的流速进行测量，将得出的最大流速与平均越浪量的关系进行分析。

从图7.11可以看出，越浪水体最大相对流速随着无因次平均越浪量的增大而增大，近似呈对数关系，越浪量较大时，最大相对流速可以达到20以上，可见水体流速较大，对内坡护面的作用力就会较大，进而对内坡稳定造成较大影响。同时可以看出，随着无因次越浪量的增大，曲线趋于平缓，当越浪量较大时，越浪量的增加对流速的影响减小。最大相对流速与无因次越浪量拟合关系为

$$\frac{v_{\max}}{\sqrt{gH_s}} = 11.62\ln\frac{q}{\sqrt{gH_s^3}} + 90.64 \tag{7.14}$$

式中：v_{max}为防浪墙顶越浪水体最大流速。将公式计算值与试验实测值进行对比，得到图 7.12。

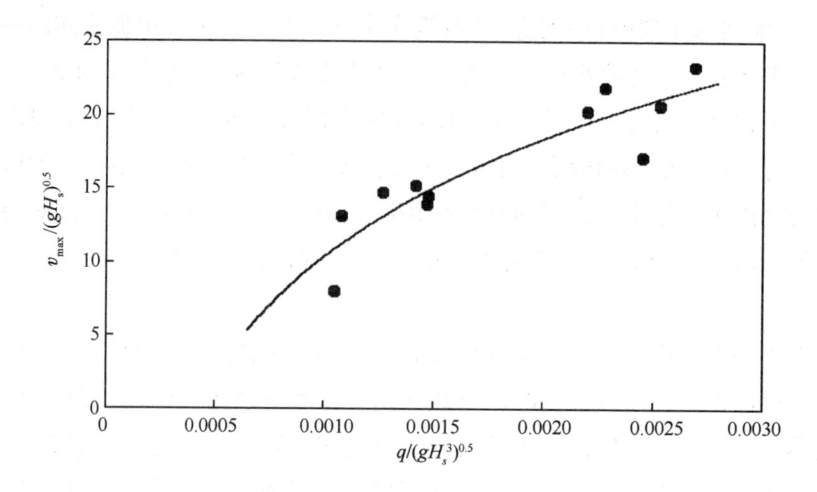

图 7.11　流速与无因次越浪量关系

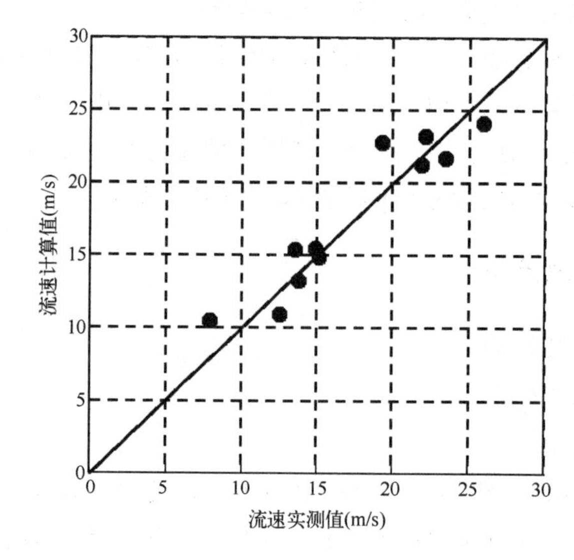

图 7.12　流速验证

由图 7.12 可以看出计算值与实测值吻合较好，数据均匀地分散在 $y=x$ 附近，拟合相关系数 R 约为 0.91，可见公式拟合效果较好。

（b）最大压强差分析

当越浪水体的流量较大时，强烈的脉动水流会穿过护面板之间的缝隙形成较大的脉动压力，混凝土护板在脉动压力作用下逐渐松动，另外脉动压力在护面板上会产生强大的瞬时上举力，这是造成护面破坏的主要原因。因此，对护面板上下压强差进行测量，压强差最大时，护面板最有可能发生位移而导致护面失稳。同时对堤顶和内坡护面板受到越浪水体向下的压强和底部向上的压强进行测量，选取其中的一个工况，即板厚

$D=0.02\text{m}$，$T_s=1.5\text{s}$，$H_s=0.12\text{m}$，各压力传感器测出的压强过程如图 7.13 所示。

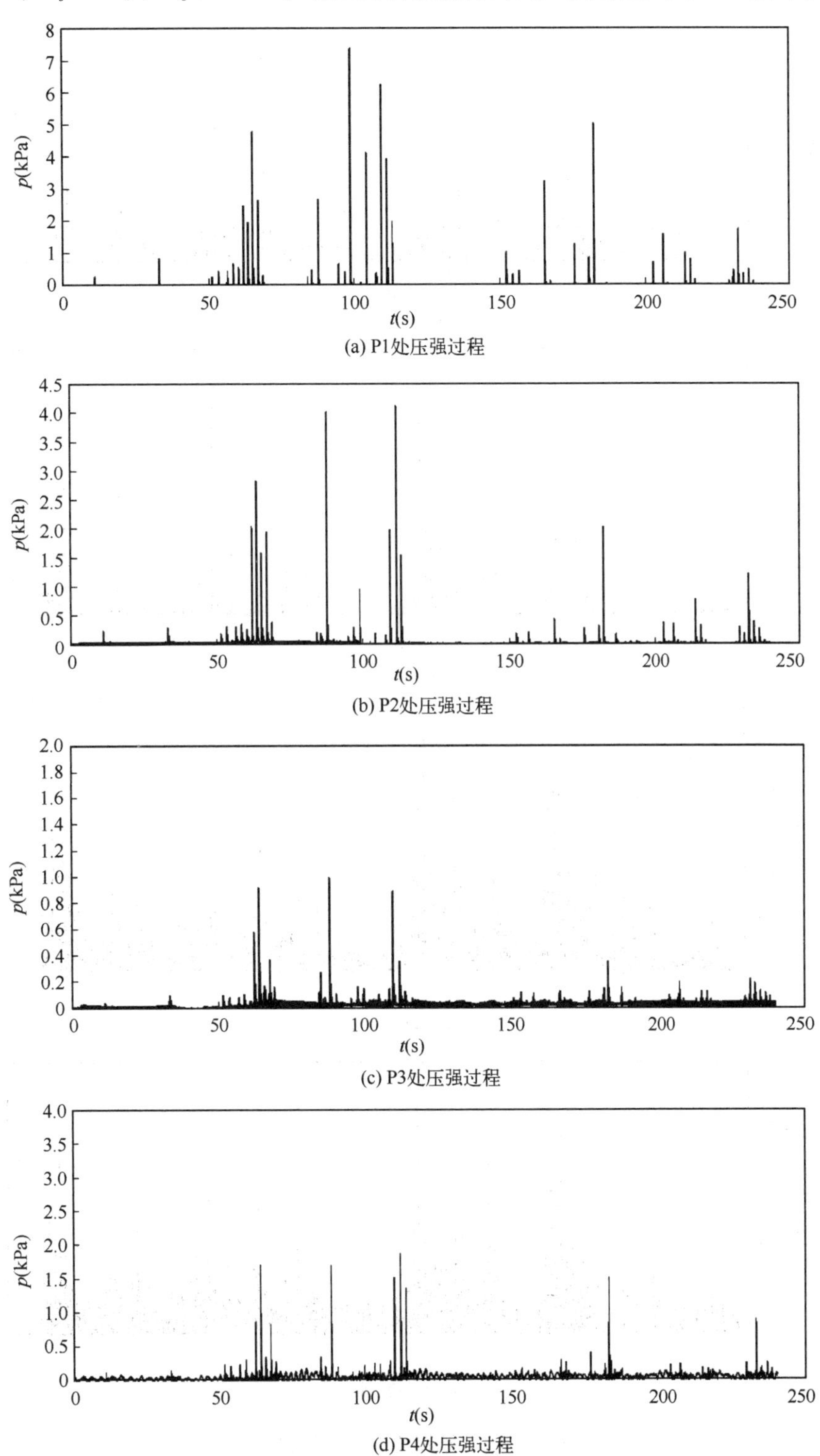

(a) P1处压强过程

(b) P2处压强过程

(c) P3处压强过程

(d) P4处压强过程

图 7.13　各传感器压强变化过程(一)

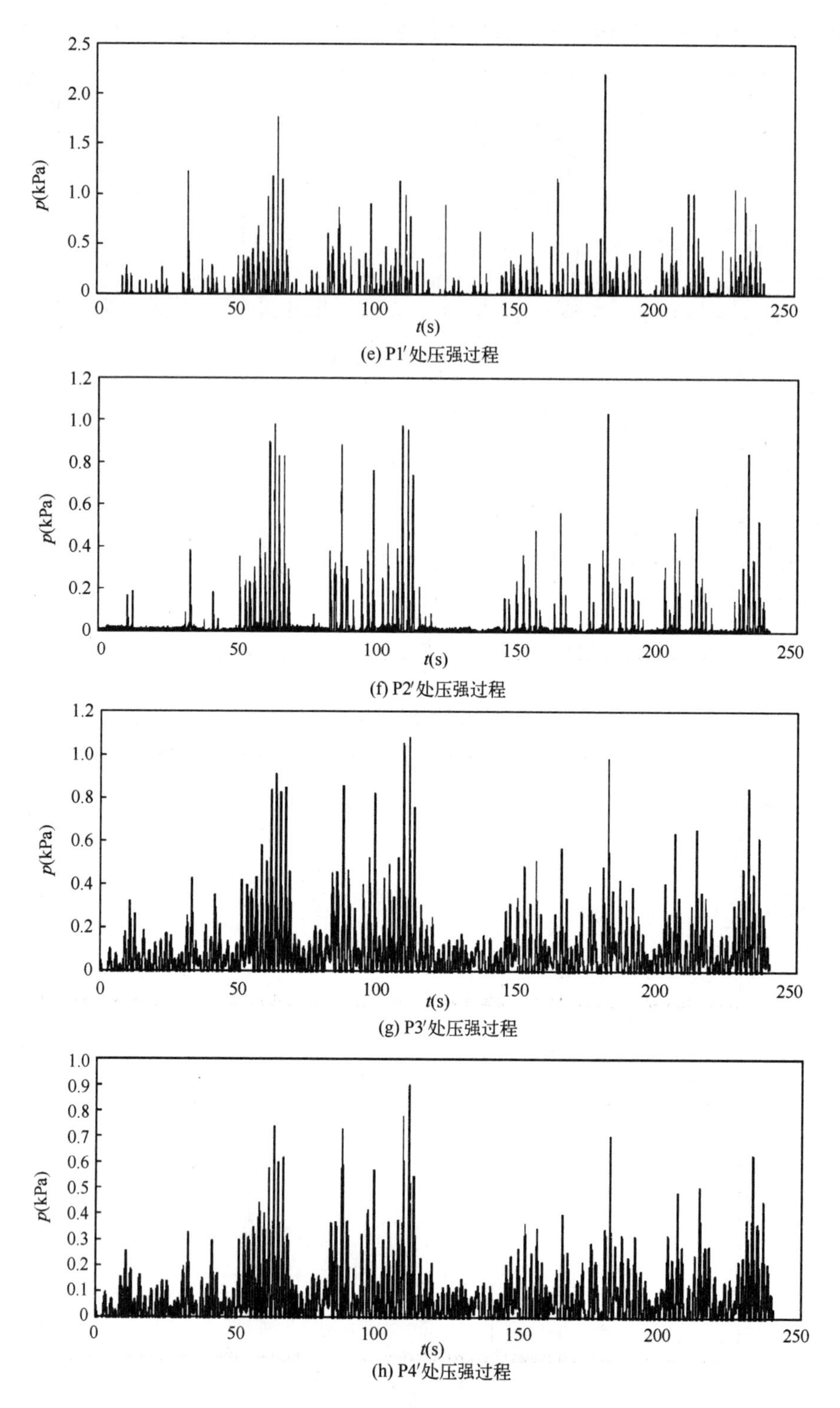

图 7.13　各传感器压强变化过程(二)

由上图可以看出，离防浪墙越近，越浪水体对护面板的压强越大，波浪越过防浪墙砸击堤顶，水体对护面板向下的压强最大值达到7.0kPa以上，护面板底部受到的向上的压强最大值达到2.0kPa以上，整个工况中，最大压强差大于2.0kPa，方向向上，表明混凝土板受到的上举力较大，此时容易发生失稳。同时可以看出，护面板受到的压强随着与防浪墙底部距离的增大而逐渐减小，这是因为越浪水体砸击堤顶后顺着内坡向下流动，由于摩擦作用，速度逐渐减小，水体引起的脉动压力逐渐减小。由于水体流速对压强具有直接影响，因此将所有工况下混凝土板受到的最大压强差与防浪墙最大流速之间的关系进行拟合，结果如图7.14所示。

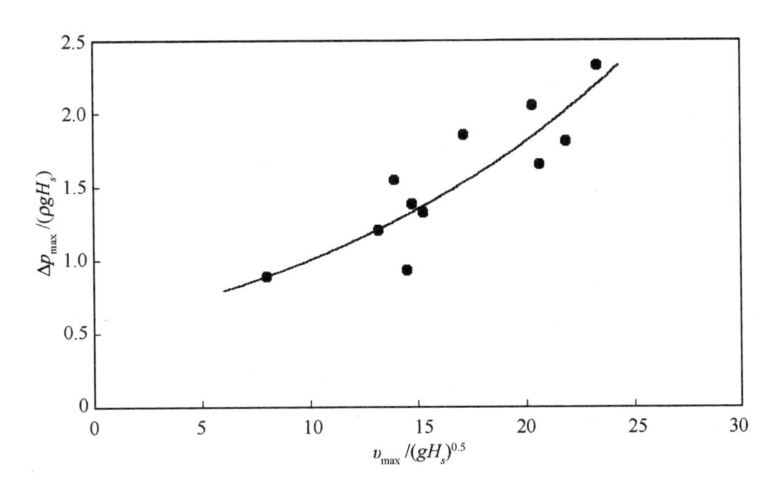

图7.14　最大压强差与流速关系

最大压强差随着流速的增大而增大，水体流速越大，在护面板上产生的脉动压力越大，最大相对压强差与最大相对流速近似呈指数关系。随着相对流速的增大，相对压强差的增幅也随之增加，表明当流速较大时，流速对压强的影响将变大。拟合公式如下：

$$\frac{\Delta p_{max}}{\rho g H_s} = 0.56\exp\left(0.059\frac{v_{max}}{\sqrt{gH_s}}\right) \tag{7.15}$$

式中：Δp_{max}为堤顶和内坡护面板受到的最大压强差；v_{max}为防浪墙顶水体最大流速。对公式进行验证，将最大压强差计算值与实测值进行对比，如图7.15所示。

压强差计算值与试验值较接近，二者拟合相关系数为0.87，可见拟合效果较好。

综上，本书给出了计算海堤内坡越浪流参数的拟合公式，且拟合效果较好，式(7.3)和式(7.4)可为我国海堤内坡防护提供相关参考。

(2)护面破坏进程分析

为确定混凝土板稳定厚度与波高、波周期的关系，对不同坡度、不同厚度的护面进行波高与波周期的组合试验。观察内坡破坏进程发现，混凝土板发生失稳的方式主要有两种：倾覆破坏、浮升破坏。

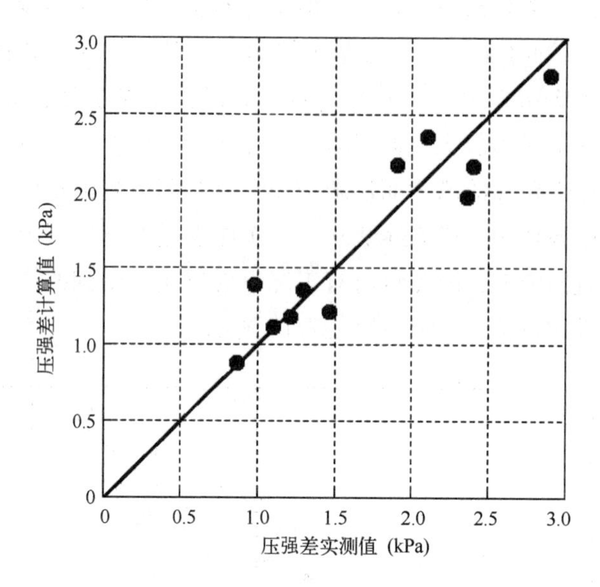

图 7.15　最大压强差验证

当波浪爬高大于防浪墙顶高程时，墙顶处发生越浪。同一波周期下，当波高较小时，墙顶越浪少，根据上文流速和压强差公式进行分析，越浪量较小，墙顶越浪水体流速较小，引起的内坡压强差较小，因此面板所受托举力不足以造成护面块体失稳。随着波高增大，墙顶越浪增加，内坡压强差增大，当波高达到临界波高时，越浪水体砸击堤顶及内坡，个别混凝土护板出现微小抬高，在板的周围形成细小缝隙，越浪水体不断淘刷混凝土板下方垫层中的小颗粒，同时具有一定流速的水流从板四周钻入板下，动能瞬间转化为对板底的压能，混凝土板被进一步抬高。另外部分越浪水体正面冲刷出现微小抬高的混凝土板，产生倾覆力矩，护板经过数次抬高后，会被突然掀起，最终沿纵向或横向倾翻失稳，如图 7.16 所示。

图 7.16　混凝土板倾翻失稳

浮升破坏与倾覆破坏类似，当混凝土护板的上端开始微微抬动时，板受四周的约束力减弱，部分越浪水体从板四周缝隙钻入板底，并在板的底部形成较大的顶托力，致使板整体处于临界浮升状态。在越浪持续作用下，水体不断进入混凝土板底部，同时由于渗透力的作用，护板被顶托移位，混凝土板护面出现隆起，如图 7.17 所示。当这种移位超过一个板厚时，整个板最终会脱离堤面而失稳。

图 7.17　护面板隆起

另外，当周期较小，波陡较大时，内坡发生破坏的位置主要在堤顶；当周期较大，波陡较小时，破坏的位置主要在堤顶与内坡连接处。

(3)稳定厚度确定

为便于试验数据的分析，利用波高将混凝土板厚度进行无因次化，得到护面板的相对厚度。在试验过程中发现，在同一坡度下，波周期一定时，随着波高的增大，抛石护面临界稳定对应的厚度随之增大，在此首先分析相对厚度随波陡的变化，二者关系如图 7.18 所示。

对图 7.18 进行分析，可得如下结论：在同一坡度同一周期下，波陡越大，相对厚度越厚。这是因为越浪量随波陡增大而增大，越浪量越大，作用在堤顶和内坡的力越大，则所需稳定厚度也越大。同时，相对厚度随波陡增大而增幅加大，可见护面板相对厚度对波高变化十分敏感。当相对厚度相同时，混凝土板临界稳定对应的波陡随周期的减小而增大。

以上结论仅给出了护面板相对厚度与波陡之间的定性关系，难以应用到实际工程中。在波周期一定的情况下，随着波陡的增高，即波高的增大，平均越浪量逐渐增大，因此为确定内坡混凝土护面厚度公式，利用有效波高，将厚度无因次化，进一步探讨其与无因次越浪量之间的关系(图 7.19)。

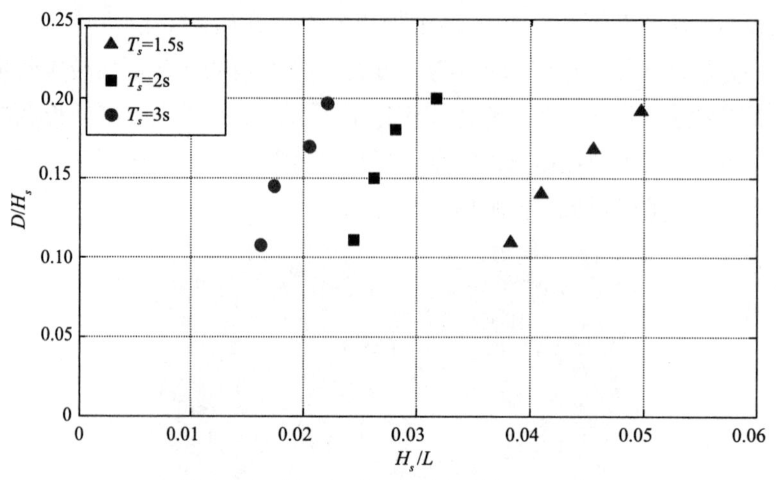

图 7.18　相对厚度与波陡关系($m=1.5$)

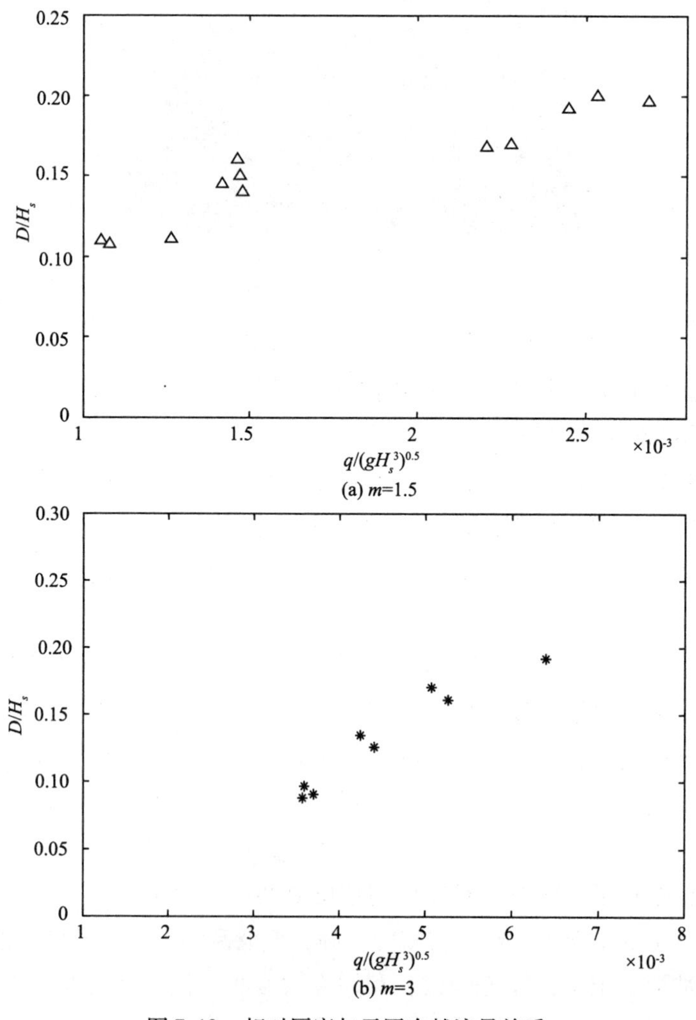

图 7.19　相对厚度与无因次越浪量关系

由图 7.19 可知，在 $m=1.5$ 和 $m=3$ 时，相对厚度与无因次越浪量均呈线性关系，相对厚度随越浪量的增大而增大。越浪是造成内坡破坏的直接因素，而内坡坡度是影响内坡稳定的重要因素，因此有必要就坡度对相对厚度的影响进行研究。选取厚度为 1cm 的混凝土板护面，改变内坡坡度，即在 $m=1$、1.5、2 和 3 时，分别进行不同周期不同波高的组合试验，关系如图 7.20 所示。

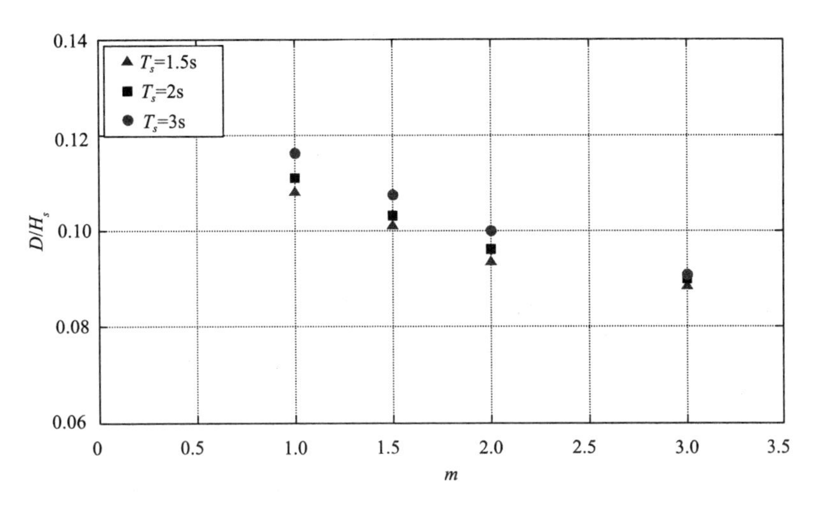

图 7.20　相对厚度与坡比关系

由图 7.20 可得到如下结论：

①在同一护面板厚度下，相对厚度随坡度变缓而减小。这是因为坡度越缓，混凝土板发生失稳对应的波高越大，则相对厚度越小，可见试验结果是合理有效的。

②在同一坡度下，周期越小，相对厚度越小。这是因为坡度一定时，小周期波浪具备的能量较小，要使混凝土板达到临界稳定状态则必须增大波高，导致相对厚度越小。

综合分析相对厚度与无因次越浪量和坡度的关系，可得如下关系曲线(图 7.21)。

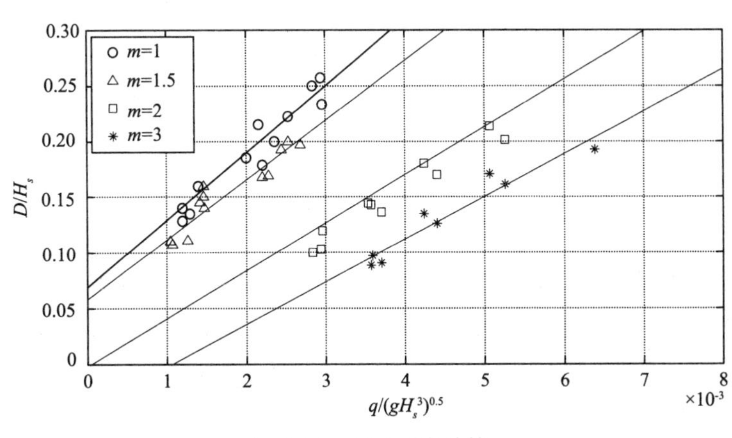

图 7.21　相对厚度计算

图 7.21 给出了不同坡度下，相对厚度与无因次越浪量之间的关系曲线。当无因次越浪量相同时，坡度越缓，所需稳定相对厚度越小。则有如下混凝土板护面稳定厚度计算公式：

$$\begin{cases} \dfrac{D}{H_s} = 60.5\dfrac{q}{\sqrt{gH_s^3}} + 0.069 & (m = 1) \\ \dfrac{D}{H_s} = 53.7\dfrac{q}{\sqrt{gH_s^3}} + 0.058 & (m = 1.5) \\ \dfrac{D}{H_s} = 43.1\dfrac{q}{\sqrt{gH_s^3}} - 0.002 & (m = 2) \\ \dfrac{D}{H_s} = 38.33\dfrac{q}{\sqrt{gH_s^3}} - 0.041 & (m = 3) \end{cases} \tag{7.16}$$

式中：D 为混凝土板稳定厚度；H_s 为有效波高；q 为平均越浪量。

式(7.16)给出了不同坡度下相对厚度与无因次越浪量之间的关系，将相对厚度试验测量值与式(7.16)计算值进行对比，结果如图 7.22 所示。

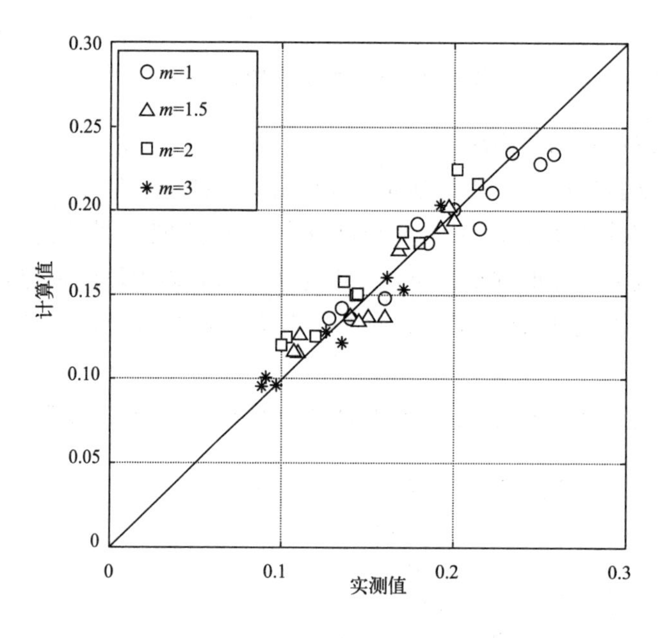

图 7.22 相对厚度验证

由图 7.22 可见，式(7.16)相对厚度计算值与实测值吻合非常好，相关系数 $R = 0.96$。本书提出的公式可以有效估算混凝土板的稳定厚度。对于内坡坡度在 1∶1 ~ 1∶3 的其他坡度，可利用本书计算曲线进行插值来估算稳定厚度。

7.3.3.2　干砌块石护面

(1)干砌块石护面破坏进程分析

分析过程与上文混凝土板类似。首先为确定内坡砌石护面稳定厚度与波高、波周期的关系，对每一种护面厚度进行不同波高和波周期的组合，观察内坡砌石护面的破坏进程。

当波浪爬高大于防浪墙顶高程时，墙顶处发生越浪。干砌块石在越浪作用下，少数块石出现较小的摆动，当波高达到临界波高时，个别砌块向上翘起，内坡砌块护面发生轻微变形，但由于周围干砌块石的摩擦作用，凸起的块石并未立刻发生滚落(图7.23)。在波浪持续作用下，多个块石显著凸起，个别砌块位移逐渐增大直至脱离内坡坡面，越浪对护面损坏处继续淘刷，多个块石滚落，最终导致内坡护面块石大面积失稳。另外，观察内坡护面的破坏进程发现，首先发生失稳破坏的主要部位是防浪墙后堤顶处以及堤顶与内坡连接处。这是因为波浪越过越浪墙后在自重作用下砸击墙后堤顶，造成防浪墙后的块体凸起，从而发生失稳破坏；而堤顶和内坡的连接处对水平切力的抵抗能力弱，因此此处砌块容易被掀起。

图7.23　干砌块石凸起

(2)稳定厚度确定

在试验过程中发现，波周期一定时，随着波高的增大，砌块护面临界稳定对应的厚度随之增大，因此首先分析相对厚度随波陡的变化，二者关系如图7.24所示。

对图7.24进行分析，可得如下结论：

①当内坡坡度一定时，在不同周期下，相对厚度均随波陡的增加而增加。越浪量随波陡增大而增大，越浪量越大，对堤后护坡的作用力越大，则所需稳定厚度也越大。

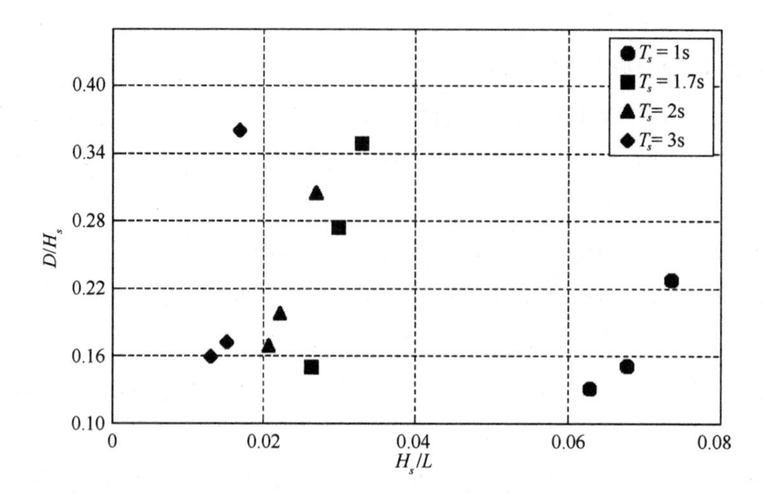

图 7.24　相对厚度与波陡关系（$m=1.5$）

②在周期 $T_s=1.7$s、2s、3s 时，相对厚度随波陡增大的增幅很大；在 $T_s=1$s 时，波陡增幅较大，相对厚度随波陡增大的增幅较小。可见当周期较大时，砌块相对厚度对波高变化十分敏感。

③对同一砌块相对厚度，周期越小，干砌块石临界稳定状态对应的波陡越大。

可以看出干砌块石相对厚度与波陡之间的关系与混凝土板护面基本一致，但干砌块石的曲线较陡，可见波陡对砌块厚度影响更大。在波周期一定的情况下，随着波陡的增高，即波高的增大，平均越浪量逐渐增大，因此为确定内坡砌块护面厚度公式，将厚度无因次化，进一步探究不同内坡坡度下其与无因次越浪量之间的关系，如图 7.25 和图 7.26 所示。

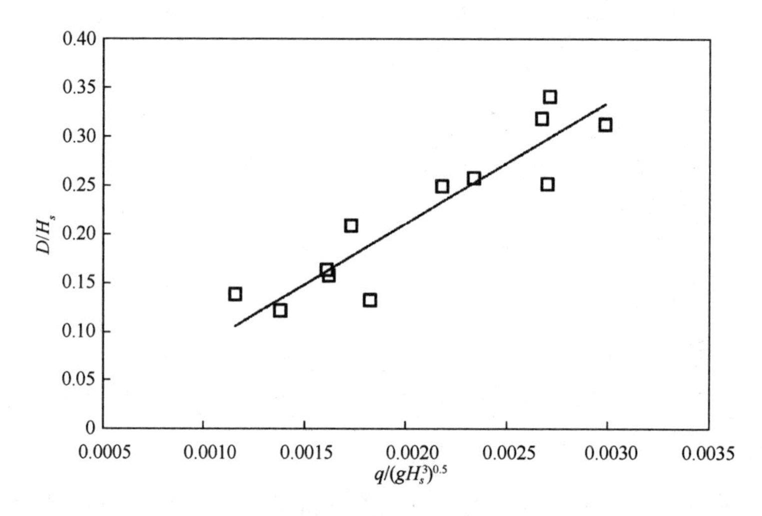

图 7.25　相对厚度与无因次越浪关系（$m=2$）

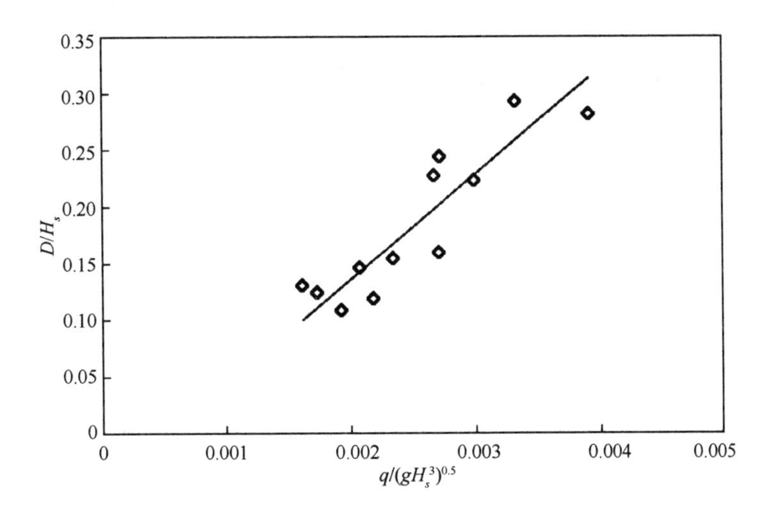

图 7.26　相对厚度与无因次越浪量关系（$m=3$）

由图 7.25 和图 7.26 可知，在 $m=2$ 和 $m=3$ 时，相对厚度与无因次越浪量均呈线性关系，相对厚度随越浪量的增大而增大。越浪是造成内坡破坏的直接因素，而内坡坡度是影响内坡稳定的重要因素，因此须就坡度对相对厚度的影响进行研究。选取厚度为 1.2cm 的干砌块石护面，改变内坡坡度，即在 $m=1$、1.5、2 和 3 时，分别进行不同周期不同波高的组合试验，得出如下关系（图 7.27）。

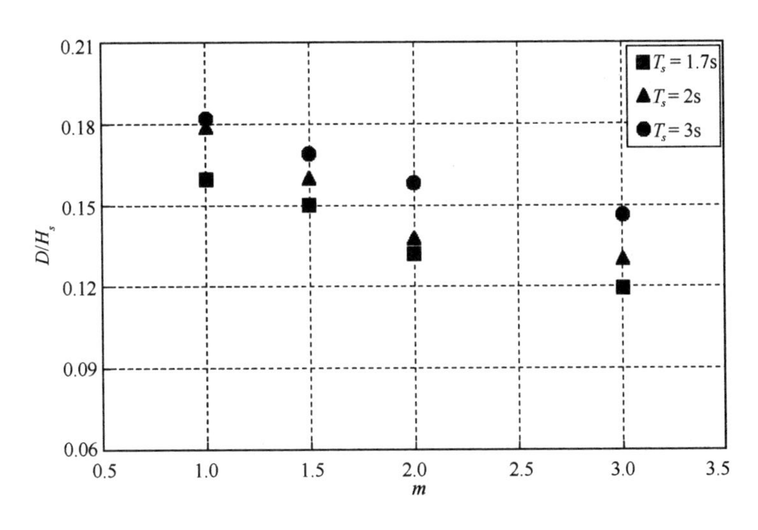

图 7.27　相对厚度与坡度关系

由图 7.27 可得，在同一砌块厚度、同一周期下，相对厚度随坡度变缓而减小。这是因为坡度越缓，砌块发生抵抗越浪水体的能力越强，因此需增大波高才能使干砌块石达到临界稳定状态，波高越大，则相对厚度越小。另外在同一坡度下，相对厚度随周期的减小而减小，这与上文混凝土板的规律是一致的。坡度一定时，周期越小，其具备的能量越小，要使干砌块石达到临界稳定则需要增大有效波高，因此相对厚度减小。

综合分析相对厚度与无因次越浪量和坡度的关系，可得如下关系曲线(图7.28)。

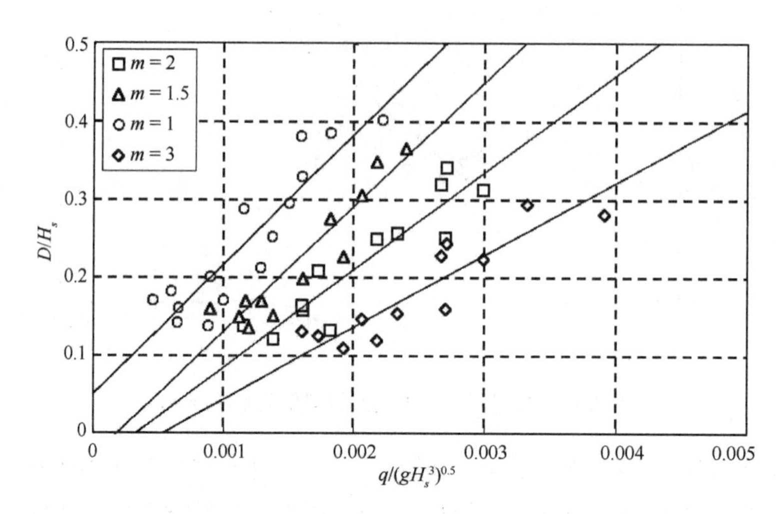

图7.28　不同坡度下相对厚度与越浪量关系

上图给出了不同坡度下，相对厚度与无因次越浪量之间的关系曲线。当无因次越浪相同时，坡度越缓，所需稳定相对厚度越小。在同一相对厚度下，坡度越缓，则护面临界稳定对应的越浪量越大。提出如下干砌块石护面稳定厚度计算公式：

$$
\begin{cases}
\dfrac{D}{H_s} = 166.55\dfrac{q}{\sqrt{gH_s^3}} + 0.05 & (m = 1) \\
\dfrac{D}{H_s} = 160.3\dfrac{q}{\sqrt{gH_s^3}} - 0.03 & (m = 1.5) \\
\dfrac{D}{H_s} = 125.28\dfrac{q}{\sqrt{gH_s^3}} - 0.04 & (m = 2) \\
\dfrac{D}{H_s} = 93.03\dfrac{q}{\sqrt{gH_s^3}} - 0.05 & (m = 3)
\end{cases}
\tag{7.17}
$$

式中：D 为干砌块石稳定厚度；H_s 为有效波高；q 为平均越浪量。

为验证干砌块石稳定厚度公式的合理性，将公式相对厚度计算值与试验值进行比较(图7.29)。

由图7.29可见，相对厚度计算值与实测值比较接近，数据点均匀分布在 $y=x$ 附近，相关系数 $R=0.92$。本书提出的公式可以有效估算干砌块石的稳定厚度。对于内坡坡度在1∶1～1∶3的其他坡度，可利用本书计算曲线进行插值来估算稳定厚度。

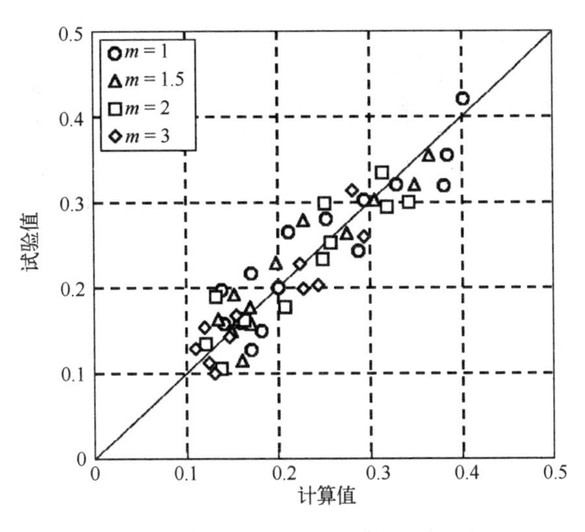

图 7.29　相对厚度验证

7.3.3.3　抛石护面

(1)抛石护面破坏进程分析

当越浪量较小时，越浪水体的作用力不足以使内坡护面块石发生失稳，因此当护面块体达到临界稳定状态后，继续增大波高，此时越浪量较大。抛石护面在越浪作用下，少数的抛石首先会发生微小的摆动，当较大的波浪越过墙顶后，发生轻微摆动的块石会产生较小的位移，但由于抛石自身的重力作用以及周围其他块石的挤压摩擦作用，发生轻微位移的块石并未立刻发生滚落。在波浪持续作用下，多个块石产生位移，个别块石位移逐渐增大直至发生滚落。越浪对护面损坏处继续淘刷，周围块石陆续滚落，最终导致内坡护面块石大面积失稳。另外，观察内坡护面的破坏进程发现，首先发生失稳破坏的主要部位是防浪墙后堤顶处以及堤顶与内坡连接处。这是因为波浪水体越过堤顶后在自重作用下砸击墙后堤顶，其重力作用较强，会造成堤顶的护面块石摆动，在越浪水体多次作用下，最终发生失稳；越浪量较大时，越浪水体落点在堤顶和内坡的连接处附近，而此处块石的重力沿内坡坡面方向有向下的分力，使得石块对越浪水体的抵抗能力减弱，因此此处块体容易被掀起。

(2)稳定厚度分析

为便于试验数据的分析，按照 $W=\rho V=\dfrac{4}{3}\pi\rho\left(\dfrac{D}{2}\right)^{3}$，将块石重量换算为厚度，利用与上文相同的方法，将块石厚度进行无因次化处理，得到抛石的相对厚度。首先分析相对厚度随波陡的变化，二者关系如图 7.30 所示。

对图 7.30 进行分析，可得如下结论。在同一周期下，波陡增大，相对厚度也随之增加。这是因为波陡越大，越浪量越大，则对堤后护坡的作用力越大，所需稳定厚度也越大。在周期较大时，即 $T_s=2\text{s}$、3s 时，相对厚度随波陡增大的增幅较大，在$T_s=1\text{s}$

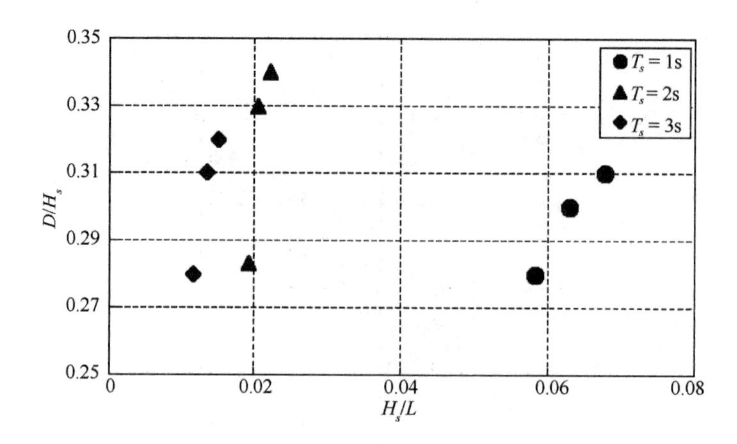

图 7.30　相对厚度与波陡关系

时，与 $T_s=2s$、3s 时相比，相对厚度随波陡增大的增幅较小。可见当周期较大时，抛石相对厚度对波高变化比较敏感。对同一抛石相对厚度，周期越小，抛石临界稳定状态所对应的波陡越大。

相对厚度与波陡密切相关，但难以找出定量的关系，因此以上结论仅给出了抛石相对厚度与波陡之间的定性关系，难以应用到实际工程中。而波陡对平均越浪量具有较大的影响，在波周期一定的情况下，随着波陡的增高，即波高的增大，平均越浪量逐渐增大，越浪量对内坡护面稳定厚度有更加直接的影响，因此为确定内坡砌块护面厚度公式，进一步探究相对厚度与无因次越浪量之间的关系，如图 7.31 所示。

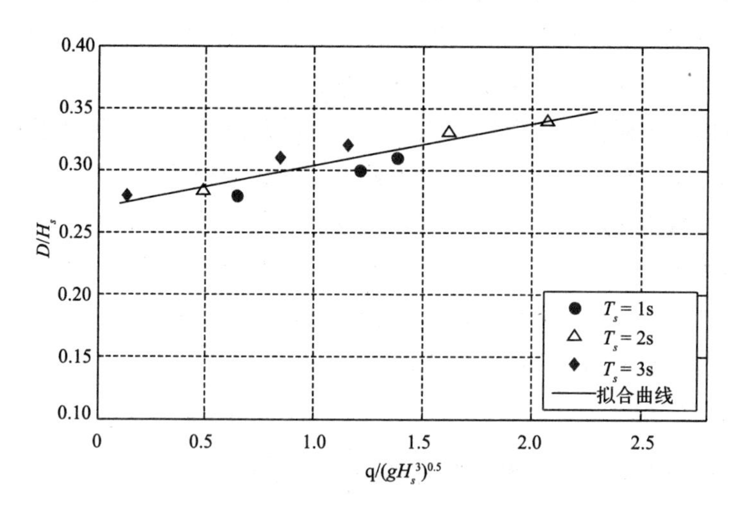

图 7.31　相对厚度与无因次越浪量关系

由图 7.31 可知，相对厚度与无因次越浪量呈线性关系，相对厚度随越浪量的增大而增大，其公式为

$$\frac{D}{H_s}=\frac{33.75q}{\sqrt{gH_s^3}}+0.27 \tag{7.18}$$

式中：D 为内坡抛石护面稳定厚度；H_S 为有效波高；q 为平均越浪量。相关系数 $R=0.86$，可见公式与试验结果吻合较好。

在实际工程中，抛石通常以重量作为防护标准，因此为提高公式的工程应用性，需将厚度换算回重量：

$$W=\frac{4}{3}\pi\frac{\gamma}{g}\left(\frac{D}{2}\right)^3 \tag{7.19}$$

式中：γ 为内坡抛石重度，取 26.5kN/m³。

7.4　计算公式汇总

综上所述，平均越浪量公式如式(7.12)所示，越浪流最大流速计算公式如式(7.14)所示，堤顶最大压强差计算公式如式(7.15)所示。因抛石护面、干砌块石护面和混凝土板护面的稳定厚度与平均越浪量均呈线性关系，因此可将其统一为一个公式。引入护面结构系数 A、B，可得出下式：

$$\frac{D}{H_s}=A\frac{q}{\sqrt{gH_s^3}}+B \tag{7.20}$$

式中：D 为护面稳定厚度；H_s 为有效波高；q 为平均越浪量，可通过模型试验获取或通过式(7.12)进行计算；A、B 为系数，通过表 7.2 确定。

表 7.2　内坡坡度系数 A、B 取值表

	1		1.5		2		3	
	A	B	A	B	A	B	A	B
抛石	—	—	33.75	0.270	—	—	—	—
干砌块石	166.55	0.050	160.30	−0.030	125.28	−0.040	93.03	−0.050
混凝土板	60.50	0.069	53.70	0.058	43.10	−0.002	38.33	−0.041

参考文献

陈国平，周益人，严士常. 2010. 不规则波作用下海堤越浪量试验研究. 水运工程，(3)：1－6.

陈伟秋，等. 2016. 斜坡堤后坡砌石护面稳定厚度的模型试验研究. 水运工程，(6)：93－98.

陈伟秋，等. 2017. 海堤后坡混凝土板护面稳定厚度的模型试验研究. 水运工程，(3)：65－70.

陈衍顺. 2018. 透水防波堤堤心压强试验研究. 中国港湾建设，38(3)：18－23.

陈衍顺，等. 2016. 抛石斜坡堤后坡面稳定重量的模型试验研究. 中国港湾建设，36(8)：32－37.

陈智杰. 2005. 波浪与可渗潜堤的相互作用数值模拟. 长沙：长沙理工大学.

范红霞. 2006. 斜坡式海堤越浪量及越浪流实验研究. 南京：河海大学.

冯卫兵，汤志生，虞丹君. 2015. 不同质量级配堤心石对波浪传播影响的试验研究. 水运工程，(11)：42－46.

高学平，曾广冬，张亚. 2002. 不规则波浪数值水槽的造波和阻尼消波. 海洋学报，24(2)：127－132.

葛晓丹，柳淑学，李金宣. 2014. 斜坡堤透浪系数计算公式的对比分析. 中国水运，14(5)：100－101.

合田良实. 1982. 港口建筑物的防浪设计. 北京：海洋出版社：302－304.

贺朝敖，任佐皋. 1995. 带胸墙斜坡堤越波量的试验研究. 海洋工程，(2)：62－70.

及春宁. 2003. 抛石防波堤内的水流运动研究. 天津：天津大学.

纪巧玲. 2012. 允许越浪海堤的环境设计参数确定及越浪流与堤后波况计算. 青岛：中国海洋大学.

李楠. 2012. 基于物理模型试验的斜坡式防波堤护面块体稳定性研究. 水运工程，(2)：8－10.

李胜忠. 2006. 基于FLUENT的二维数值波浪水槽研究. 哈尔滨：哈尔滨工业大学.

李晓亮，俞聿修. 2007. 斜向和多向不规则波在斜坡堤上的平均越浪量研究. 大连：大连理工大学.

刘同利. 1995. 波浪作用下堆石防波堤内流体运动分析与研究. 天津：天津大学.

陆亚平，等. 2018. 斜向浪作用下潜堤透射系数的计算公式. 水运工程，(1)：16－22.

邱大洪，孙昭晨. 2006. 波浪渗流力学. 北京：国防工业出版社.

任增金. 2003. 抛石防波堤内波浪运动的研究. 天津：天津大学.

孙苗苗. 2010. 允许部分越浪海堤越浪量及越浪流的研究. 青岛：中国海洋大学.

孙天霆. 2017. 波浪与透水堤相互作用研究. 南京：南京水利科学研究院.

王登婷. 2011. 基于N－S方程的波浪与可渗防波堤相互作用的数值模拟. 水动力学研究与进展，26(5)：581－588.

王登婷，左其华. 2008. 斜坡堤堤心石尺寸对波浪传播影响的试验研究. 水动力学研究与进展，23(5)：532－537.

王登婷，等. 2017. 斜坡式海堤后坡防护问题研究 // 中国海洋工程学会. 第十八届中国海洋(岸)工程学术讨论会论文集. 北京：海洋出版社：1028－1036.

王红，周家宝，章家昌. 1996. 单坡堤上不规则波越浪量的估算. 水利水运工程学报，(1)：58－63.

王利生. 1995. 波浪与可渗基床防波堤相互作用数值模拟与实验验证. 大连：大连理工大学.

王永学. 1994. 无反射造波数值波浪水槽. 水动力学研究与进展，(2)：205-214.

王永学，等. 2003. 分离入射波与反射波的解析方法. 海洋工程，21(1)：42-46.

王勇. 2006. 堆石料渗透特性试验研究. 南京：河海大学.

习和忠，潘建楠. 1988. 防波堤透浪特性的研究. 水动力学研究与进展，(4)：57-66.

徐昶. 2004. 堤心石重量级配变化对斜坡式防波堤物理与动力特性的影响. 南京：河海大学.

尹德军，钟瑚穗，刘韬. 2005. 斜坡式防波堤堤心石动力特性试验研究//中国海洋工程学会. 第十二届中国海岸工程学术讨论会论文集. 北京：海洋出版社：423-427.

余广明，章家昌. 1991. 风浪在单坡堤上的越顶流量. 水利水运工程学报，(3)：233-239.

俞波，胡去劣. 1996. 过水堆石体的渗流计算. 水利水运工程学报，(1)：64-69.

俞聿修. 2003. 随机波浪及其工程应用. 大连：大连理工大学出版社.

虞克，余广明. 1992. 斜坡堤越浪试验研究. 水利水运科学研究，(3)：211-219.

曾婧扬. 2013. 孤立波作用下海堤越浪流数值模拟. 上海：上海交通大学.

中华人民共和国交通部. 2001. JTJ/T 234—2001 波浪模型试验规程. 北京：人民交通出版社.

中华人民共和国交通运输部. 2011. JTS 154-1—2011 防波堤设计与施工规范. 北京：人民交通出版社.

中华人民共和国交通运输部. 2015. JTS 145—2015 港口与航道水文规范. 北京：人民交通出版社.

钟瑚穗. 2003. 深水斜坡堤堤心石物理与动力特性比选试验研究. 南京：河海大学.

周益人. 2008. 波浪作用下堤坝防护问题试验研究. 南京：河海大学.

朱嘉玲，等. 2016. 斜向波作用下斜坡堤平均越浪量的试验研究. 水运工程，(5)：9-13+18.

朱嘉玲，等. 2017. 斜向规则波作用下斜坡堤波浪爬高试验研究. 中国港湾建设，37(2)：33-37.

左其华. 2006. 水波相似与模拟. 北京：海洋出版社.

沼田淳. 1975. ブロック堤の消波効果に関する実験的研究. 海岸工学講演会論文集，22：501-505.

Ahmed N, Sunada D K. 1969. Nonlinear flow in porous media. Journal of the Hydraulics Division, 95(6): 1847-1857.

Ahrens J P. 1987. Characteristics of reef breakwaters. Technical Report CERC 87-17, U. S. Army Corps of Engineers, Washington D. C., United States.

AlQaser G, Ruff J F. 1993. Progressive failure of an overtopped embankment. // Hsieh W S. Hydraulic Engineering. United States: American Society of Civil Engineers: 1957-1962.

Banyard, Herbert D M. 1995. The effect of wave angle on wave overtopping of seawall. HR Wallingford Report SR396, HR Wallingford, Oxfordshire, United Kingdom.

Battjes J A. 1974. Computation of set-up, longshore currents, run-up and overtopping due to wind-generated waves. Delft: Delft University of Technology.

Biesel F. 1950. Equations de l'ecoulement non lent en milieu permeable. La Houille Blanche 2: 157-160.

Biot M A. 1941. General theory of three-dimensional consolidation. Journal of applied physics, 12(2): 155-164.

Bürger W, Oumeraci H, Partenscky H W. 1988. Geohydraulic investigations of rubble mound breakwaters. // Billy L Edge. Proceedings of 21st International Conference on Coastal Engineering. Spain: ASCE:

2242 – 2256.

Brorsen M, Larsen J. 1987. Source generation of nonlinear gravity waves with the boundary integral equation method. Coastal Engineering, 11(2): 93 – 113.

Burcharth H F, Andersen O K. 1995. On the one – dimensional steady and unsteady porous flow equations. Coastal Engineering, 24(3 –4): 233 –257.

Burcharth H F, Liu Z, Troch P. 1999. Scaling of core material in rubble mound breakwater model tests. The International Conference on Coastal and Port Engineering in Developing Countries: 1518 – 1528.

Calhoun R J. 1971. Field study of wave transmission through a rubble – mound breakwater. Monterey: U. S. Naval Postgraduate School.

Chinnarasri C. 2000. Experimental investigation of embankment breaching erosion and prediction by numerical models. Bangkok: Asian Institute of Technology.

Dalrymple R A, Losada M A, Martin P A. 1991. Reflection and transmission from porous structures under oblique wave attack. Journal of Fluid Mechanics, 224: 625 –644.

Den Adel. 1987. Re – analysis of permeability measurements using Forchheimer's equation. Delft: Delft Geotechnics.

De Waal J P, Van der Meer J W. 1992. Wave runup and overtopping on coastal structures. // Billy L Edge. Proceedings of 23rd International Conference on Coastal Engineering. Italy: ASCE, 1(23): 1758 – 1771.

Dudgeon C R. 1966. An experimental study of the flow of water through coarse granular media. La Houille Blanche, (7): 785 –801.

Engelund F. 1953. On the laminar and turbulent flows of ground water through homogeneous sand. Copenhagen: Danish Academy of Technical Sciences.

Ergun S. 1952. Fluid flow through packed columns. Chemical Engineering Progress, 48(2): 89 –94.

Goda Y, Kishara Y, Kamiyama Y. 1975. Laboratory investigation on the overtopping rate of seawalls by irregular waves. Report of the Port and Harbour Research Institute, 14(4): 3 –42.

Harlow E H. 1980. Large rubble – mound breakwater failures. Journal of the Waterway Port Coastal and Ocean Division, 106(2): 275 –278.

Hebsgaard M, Sloth P, Juhl J. 1998. Wave overtopping of rubble mound breakwaters. // Billy L Edge. Proceedings of 26th International Conference on Coastal Engineering. Denmark: ASCE, 1(26): 2235 – 2248.

Hegde A V, Rao P S. 1995. Effect of core porosity on stability and run – up of breakwaters. Ocean Engineering, 22(6): 519 –526.

Hints C W, Nichols B D. 1981. Volume of Fluid (VOF) Method for the Dynamics of Free Boundaries. Journal of Computational Physics, 39(1): 201 –225.

Hubbard M E, Dodd N. 2002. A 2D numerical model of wave run – up and overtopping. Coastal Engineering, 47(1): 1 –26.

Hudson R Y, et al. 1979. Coastal hydraulic models. Special Report No. 5, U. S. Army, Corps of Engineers, Coastal Engineering Research Center, Fort Belvoir, United States.

Hughes S A. 1993. Physical models and laboratory techniques in coastal engineering. Singapore: World Scientific.

Hughes S A, Nadal N C. 2009. Laboratory study of combined wave overtopping and storm surge overflow of a levee. Coastal Engineering, 56(3): 244 - 259.

Hughes S A, Scholl B, Thornton C. 2012. Wave overtopping hydraulic parameters on protected - side slopes. //USSD. Proceedings of the 32nd USSD Annual Conference. United States: USSD: 1453 - 1466.

Ito K, et al. 1996. Non - reflected multidirectional wave maker theory and experiments of verification. // Billy L Edge. Proceedings of 25th International Conference on Coastal Engineering. United States: ASCE: 443 - 456.

Iwata K, Kawasaki K, Kim D S. 1996. Breaking limit, breaking and post - breaking wave deformation due to submerged structures. // Billy L Edge. Proceedings of 25th International Conference on Coastal Engineering. United States: ASCE: 2338 - 2351.

Jensen O J, Klinting P. 1983. Evaluation of scale effects in hydraulic models by analysis of laminar and turbulent flows. Coastal Engineering, 7(4): 319 - 329.

Johnson H A. 1971. Flow - through rockfill dam. Journal of the Soil Mechanics and Foundations Division, 97(2): 329 - 340.

Keulegan G H. 1972. Wave Damping Effects of Fibrous Screens: Hydraulic Model Investigation. Hydraulics Laboratory Research Report H - 72 - 2, U. S. Army Waterways Experiment Station, Vicksburg, United States.

Kochina P. 1962. Theory of ground water movement. Princeton: Princeton University Press.

Koenders M A. 1985. Hydraulic criteria for filters. Delft: Delft Geotechnics.

Le Mehaute B. 1957. Perméabilité des digues en enrochements aux ondes de gravité périodiques. La Houille Blanche, 6: 903 - 919.

Leps T M. 1973. Flow through rockfill. Wiley and Sons Incorporated: 86 - 107.

Li L, et al. 2014. Stability Monitoring of Articulated Concrete Block Strengthened Levee in Combined Wave and Surge Overtopping Conditions. Geo - characterization and Modeling for Sustainability: 262 - 271.

Liu P L F, et al. 1999. Numerical modeling of wave interaction with porous structures. Journal of waterway, port, coastal, and ocean engineering, 125(6): 322 - 330.

Losada I J, et al. 2008. Numerical analysis of wave overtopping of rubble mound breakwaters. Coastal Engineering, 55(1): 47 - 62.

Madsen O S. 1974. Wave transmission through porous structures. Journal of the Waterways Harbors and Coastal Engineering Division, 100(3): 169 - 188.

Mccorquodale J A, Hannoura A A A, Nasser M S. 1978. Hydraulic conductivity of rockfill. Journal of Hydraulic Research, 16(2): 123 - 137.

Mizutani N, et al. 1998. Nonlinear regular wave submerged breakwater and seabed dynamic interaction. Coastal Engineering, 33(2 - 3): 177 - 202.

Muttray M, Oumeraci H, Oever E. 2006. Wave Reflection and Wave Run - up at Rubble Mound Breakwaters. //McKee Smith J. Proceedings of 30th International Conference on Coastal Engineering. United

States: World Scientific, (5): 4314 - 4324.

Muttray M. 2000. Wellenbewegung an und in einem geschütteten Wellenbrecher. Braunschweig: Technische Universität Braunschweig.

Oumeraci H. 1984. Scale effects in coastal hydraulic models, Symposium on scale effects in modeling hydraulic structure. International association for hydraulic research.

Oumeraci H, Partenscky H W. 1990. Wave - induced pore pressure in rubble mound breakwaters. // Billy L Edge. Proceedings of 22nd International Conference on Coastal Engineering. The Netherlands: ASCE: 1334 - 1347.

Owen M W. 1980. Design of seawalls allowing for wave overtopping. HR Wallingford Report Ex924, HR Wallingford, Oxfordshire, United Kingdom.

Owen M W. 1982. Overtopping of Sea Defences. International Conference on the Hydraulic Modeling of Civil Engineering, BHRA Structures, Coventry: 469 - 480.

Owen M W, Steele A A J. 1993. Effectiveness of recurved wave return walls. HR Wallingford Report SR261, HR Wallingford, Oxfordshire, United Kingdom.

Parkin A K, Trollope D H, Lawson J D. 1966. Rockfill structures subject to water flow. Journal of Soil Mechanics and Foundations Div, 92: 135 - 151.

Pullen T, et al. 2007. EurOtop Wave Overtopping of Sea Defences and Related Structures: Assessment Manual. European Overtopping Manual, HR Wallingford, Oxfordshire, United Kingdom.

Qiu D H, Li L. 1994. Experimental study on the permeability of rubble materials used in coastal structures. // Li Y C, Jin S Chung. Proceedings of the Special Offshore Symposium China. China: International Society of Offshore and Polar Engineers: 503 - 514.

Romano A, et al. 2015. Uncertainties in the physical modelling of the wave overtopping over a rubble mound breakwater: The role of the seeding number and of the test duration. Coastal Engineering, 103 (2): 15 - 21.

Sakakiyama T, Kajima R, Abe N. 1991. Numerical simulation of wave motion in and near breakwaters. Proceedings of 38th Japanese Conference on Coastal Engineering: 545 - 550.

Saville T. 1958. Large - scale model tests of wave run up and overtopping on shore structures. U. S. Army, Corps of Engineers, Beach Erosion Board, Washington D. C. , United States.

Schüttrumpf H, Oumeraci H. 2005. Layer thicknesses and velocities of wave overtopping flow at seadikes. Coastal Engineering, 52(6): 473 - 495.

Shih R W K. 1990. Permeability characteristics of rubble material - New formulae. // Billy L Edge. Proceedings of 22nd International Conference on Coastal Engineering. The Netherlands: ASCE, 22: 1499 - 1512.

Sollitt C K, Cross R H. 1972. Wave transmission through permeable breakwaters. // ASCE. Proceedings of 13th International Conference on Coastal Engineering. Canada: ASCE, 3: 1827 - 1846.

Soni J P, Islam N, Basak P. 1978. An experimental evaluation of non - Darcian flow in porous media. Journal of Hydrology, 38(3 - 4): 231 - 241.

Stephenson D. 1984. 堆石工程水力计算. 李开远，周家苞，译. 北京：海洋出版社.

Timco G W, Mansard E P D, Ploeg J. 1984. Stability of breakwaters with variations in core permeability. // Billy L Edge. Proceedings of 19th International Conference on Coastal Engineering. United States: ASCE: 2487 -2499.

Tinney E R, Hsu H Y. 1961. Mechanics of Washout of an Erodible Fuse Plug. Journal of the Hydraulics Division, 87(3): 1 -29.

Troch P, Rouck J D. 1998. Development of two - dimensional numerical wave flume for wave interaction with rubble mound breakwaters. // Billy L Edge. Proceedings of 26th International Conference on Coastal Engineering. Denmark: ASCE: 1638 - 1649.

Troch P, Rouck J D, Burcharth H F. 2003. Experimental study and numerical modeling of wave induced pore pressure attenuation inside a rubble mound breakwater. // McKee Smith J. Proceedings of 28th International Conference on Coastal Engineering. United Kingdom: World Scientific, (3): 1607 - 1619.

Trung L H. 2011. Destructive tests with the wave overtopping simulator. Communications on Hydraulic and Geotechnical Engineering.

Trung L H. 2014. Velocity and water - layer thickness of overtopping flows on sea dikes: Report of measurements and formulas development. Communications on Hydraulic and Geotechnical Engineering.

Van der Meer J W. 2002. Technical report wave run - up and wave overtopping at dikes. Technical Advisory Committee on Flood Defence, Delft, The Netherlands.

Van der Meer J W. 2007. Design, construction, calibration and use of the wave overtopping simulator. ComCoast Project Report 04i103, ComCoast - Infram, Delft, The Netherlands.

Van der Meer J W. 2009. Guidance on erosion resistance of inner slopes of dikes from 3 years of testing with the Wave Overtopping Simulator. Van Der Meer Consulting, Akkrum, The Netherlands.

Van der Meer J W, Bruce T. 2014. New Physical Insights and Design Formulas on Wave Overtopping at Sloping and Vertical Structures. Journal of Waterway, Port, Coastal, and Ocean Engineering, 140(6).

Van der Meer J W, Janssen J P F M. 1995. Wave run - up and wave overtopping at dikes. American Society of Civil Engineers, 12(2): 175 - 189.

Van der Meer J W, et al. 1998. A code for dike height design and examination. Coastlines, Structures and Breakwaters, Thomas Telford Publishing: 5 - 19.

Van der Meer J W, et al. 2001. Wave transmission: spectral changes and its effects on run - up and overtopping. // Billy L Edge. Proceedings of 27th International Conference on Coastal Engineering. Australia: ASCE: 2156 -2168.

Van der Meer J W, et al. 2007. The wave overtopping simulator in action. Coastal Structures: 645 -656.

Van der Meer J W, et al. 2008. Further Developments on the Wave Overtopping Simulator. // McKee Smith J. Proceedings of 31st International Conference on Coastal Engineering. Germany: World Scientific, (5): 2957 -2969.

Van der Meer J W, et al. 2010. Flow depths and velocities at crest and landward slope of a dike, in theory and with the wave overtopping simulator. // McKee Smith J, Lynett P. Proceedings of 32nd International Conference on Coastal Engineering. China: Coastal Engineering Research Council, (5): 2728 -2742.

Van Gent M R A. 1999. Physical model investigations on coastal structures with shallow foreshores: 2D model tests with single and double – peaked wave energy spectra. Delft hydraulics Report H3608, WL Delft Hydraulics, Delft, The Netherlands.

Volker R E. 1969. Nonlinear flow in porous media by finite elements. Journal of the Hydraulics Division, 95 (6): 2093 – 2114.

Wang D T. 2012. Direct numerical simulation of interaction between wave and porous breakwater based on N – S equation. China Ocean Engineering, 26(4): 565 – 574.

Wang D T, et al. 2016. Model Test Research of Breakwater Core Material Influence on Wave Propagation. China Ocean Engineering, 30(5): 786 – 793.

Wang D T, et al. 2017. Experimental Study on Mean Overtopping of Sloping Seawall Under Oblique Irregular Waves. China Ocean Engineering, 31(3): 350 – 356.

Ward J C. 1964. Turbulent flow in porous media. Journal of the Hydraulics Division, 90(5): 1 – 12.

Whalin R W, Chatham C E. 1974. Design of distorted harbor wave models. // ASCE. Proceedings of 14th International Conference on Coastal Engineering. Denmark: ASCE: 2102 – 2121.

Wilkins J K. 1955. Flow of water through rock fill and its application to the design of dams. New Zealand Engineering, 10(11): 382.

Yu Y X, Li X L. 2007. Experiment Study of Overtopping Performance of Sloping Seawall under Oblique and Multi – Directional Irregular Waves. Coastal Engineering Journal, 49(1): 77 – 101.